工业化建筑供应链的合作机理

王艳艳　著

中国建筑工业出版社

图书在版编目（CIP）数据

工业化建筑供应链的合作机理／王艳艳著 .—北京：中国建筑工业
出版社，2020.9（2024.4重印）
ISBN 978-7-112-25351-7

Ⅰ.①工… Ⅱ.①王… Ⅲ.①工业建筑-供应链管理-研究-中
国 Ⅳ.① TU27

中国版本图书馆 CIP 数据核字（2020）第 143893 号

本书界定了工业化建筑供应链合作的内涵，在综合运用交易成本理论、演化
博弈理论、多属性决策理论、交易成本理论的基础上，采用理论研究和实证研究
相结合、文献调研与专家访谈等相结合的研究方法，结合 BOCR 五种评价值综合
技术方法、修正的 M-TOPSIS 方法、云模型—DEMATEL 方法等多学科知识，依
据中国工业化建筑发展现状和特点，对工业化建筑供应链合作的动力机制、合作
伙伴选择、合作绩效影响因素以及合作的实施路径进行了深入细致的研究。

责任编辑：毕凤鸣　周方圆
责任校对：赵　菲

工业化建筑供应链的合作机理
王艳艳　著

*

中国建筑工业出版社出版、发行（北京海淀三里河路9号）
各地新华书店、建筑书店经销
北京建筑工业印刷厂制版
建工社（河北）印刷有限公司印刷

*

开本：787×1092毫米　1/16　印张：11　字数：200千字
2020年11月第一版　　2024年4月第二次印刷
定价：**45.00**元
ISBN 978-7-112-25351-7
（36337）

前　言

2016 年 9 月国务院办公厅印发了《关于大力发展装配式建筑的指导意见》，力争用 10 年左右时间，使装配式建筑占新建建筑的比例达到 30%。工业化建造方式相对于传统建造方式具有能够更好地进行质量控制、更有效地利用资源、提高生产效率、缩短建设工期、减少建筑垃圾产生、减少现场湿作业、改善健康和安全性能、产生规模效益等优势，是目前国家在建筑业中重点推广的建造方式之一，但工业化建筑的建造流程中还面临着外界环境的高复杂性、不确定性、项目建造的长期性、项目参与方的多样性等的影响，需要参与组织间的高度合作来协调各方关系，增加整个供应链的灵活性、适应性和知识交流。

本书重点研究了供应链合作的动力机制、合作伙伴选择、合作绩效影响因素以及合作的实施路径。工业化建筑供应链中各方的利益趋同是其合作的核心动力要素，产业拉动、市场推动、资源驱动、制度导向等形成了驱使供应链企业组成合作伙伴的具体动力要素。在合作初期，总承包商的创新补贴会带来更大的溢出收益份额，存在最优的合作收益分配系数以及最优的风险损失减少值的最优分配系数，使得供应链向合作方向演化的概率最大。针对预制部品供应商的指标选择同时考虑了积极因素和消极因素，从利益、机会、成本、风险四个方面综合选取了 16 个评价指标，应用了 BOCR 五种评价值综合技术方法和 TOPSIS 方法及修正的 M-TOPSIS 方法，对供应商进行优选排序，并通过案例验证了该方法的实用性。针对供应链合作绩效的影响因素分析，研究结果表明供应链合作的推进必须重视信息技术的应用、各方的信息共享、合作流程整合以及合作关系等。工业化建筑供应链合作的实施路径必须从"硬"的技术层面和"软"的关系层面两个方面进行。

本书在写作的过程中，经过反复讨论和多次修改，得到了重庆大学任宏教授、叶堃晖教授，山东建筑大学沙凯逊教授的悉心指导和帮助，提出了非常宝贵的修改意见和建议。特别感谢山东建筑大学的陈起俊教授在本书写作、出版过程中给予无私的指导和大力协助。另外编写过程中参考了大量文献资料，在此一并表示衷心的感谢。

限于作者的学识水平有限，书中定会存在不当之处，恳请广大读者、同行批评指正。

目　录

第1章 绪 论

1.1 研究背景及问题提出

1.1.1 研究背景

1. 推行工业化建筑是国家促进建筑业持续健康发展的重要举措

2017年10月18日,习近平总书记做的十九大报告中明确指出"坚持新发展理念。必须坚定不移贯彻创新、协调、绿色、开放、共享的发展理念。推动新型工业化、信息化、城镇化、农业现代化同步发展"。根据2020年2月28日国家统计局发布的《中华人民共和国2019年国民经济和社会发展统计公报》中的初步核算,2019全年的GDP总值为990865亿元,比2018年增长6.1%。而2019全年全社会的建筑业增加值为70904亿元,比2018年增长5.6%。2015—2019年近5年的建筑业增加值及增长速度如图1.1所示。全国具有资质等级的总承包和专业承包建筑业企业利润为8381亿元,比2018年增长5.1%,其中有控股企业2585亿元,增长14.5%。1998年住房制度改革以来,我国房地产业快速发展,仅2019年,全年房地产开发投资132194亿元,比1998年增长了35倍。城镇居民人均住房建筑面积从1998年的18.7m² 提高到2019年的40m²。2019年全国新开工装配式建筑4.2亿m²,占新建建筑面积的比例约为13.4%。2016—2019年全国装配式建筑新开工建筑面积如图1.2所示。但是作为城镇化建设的主要载体,粗放的传统建造模式给资源环境带来较大压力。

1995年建设部印发的《建筑工业化发展纲要》(建建〔1995〕188号文)中明确提出"建筑工业化是我国建筑业的发展方向。建筑业要从传统的以手工操作为主的小生产方式逐步向社会化大生产方式过渡"。提出推广能提供工业化水平的新技术、促进设计和施工的紧密配合、改革发展新型建材、逐步实现施工机械化与手持机具结合的技术装备、发展一体化建筑构配件和预制品生产等内容。目前,我们国家正在积极推广装配式建筑,全国已有约30多个省市明确出台了相关的指导意见和

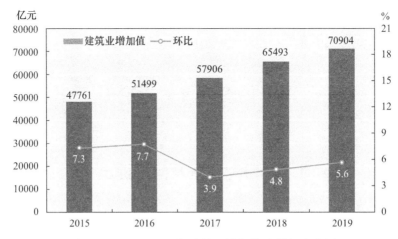

图 1.1　2015—2019 年建筑业增加值及增长速度图

来源：中华人民共和国住房和城乡建设部网站

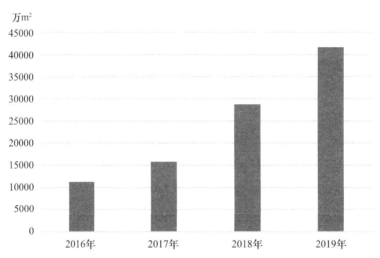

图 1.2　2016—2019 年全国装配式建筑新开工建筑面积

来源：住房和城乡建设部科技与产业化发展中心网站

配套措施。规定某些项目必须采用装配式模式或装配率达到某个百分比，并出台了相应的财政补贴措施。2016 年 2 月《国务院关于进一步加强城市规划建设管理工作的若干意见》中指出，要大力推广装配式建筑，要发展新型建造方式。制定装配式建筑设计、施工和验收规范。力争用 10 年左右时间，使装配式建筑占新建建筑的比例达到 30%。2016 年 9 月国务院办公厅印发的《关于大力发展装配式建筑的指导意见》中指出，提出以京津冀、长三角、珠三角三大城市群为重点推进地区，发展装配式建筑是建造方式的重大变革，是推进建筑业供给侧结构性改革的重要举措。2017 年 2 月，国务院办公厅《关于促进建筑业持续健康发展的意见》(国办发

〔2017〕19号）中明确了推广智能和装配式建筑。该意见指出采用标准化设计、工厂化生产、装配化施工、一体化装修、信息化管理、智能化应用，推动建造方式创新。2017年5月住房和城乡建设部发布的《建筑业发展"十三五"规划》中明确提出装配式建筑面积占新建建筑面积比例达到15%，大力推广智能和装配式建筑，建设装配式建筑产业基地，推动装配式混凝土结构、钢结构和现代木结构发展。2016—2019年，31个省、自治区、直辖市出台装配式建筑相关政策文件的数量分别为33个、157个、235个、261个，不断完善配套政策和细化落实措施。2019年，住房和城乡建设部批复了浙江、山东、四川、湖南、江西、河南、青海共7个省开展钢结构住宅试点项目。

2. 工业化建造的生产方式是推进建筑业可持续发展的重要举措

中国的建筑业由于工业化水平低、房屋质量相对低劣、过度使用资源、高度能源消耗、产生大量建筑垃圾、环境污染严重、频发的施工安全事故而受到广泛地批评，而劳动生产率估计不到发达国家的五分之一的水平，巨大的住房建设任务和传统建造方式固有缺陷形成了对新型建造方式的强烈需求。

建筑业快速发展，还拉动了钢铁、水泥、机械设备制造等50多个关联行业的发展。一方面是大规模的建设给行业、劳动力的发展带来了经济和社会效益，其次是大规模的建设对能源的巨大消耗、对环境的污染带来的可持续性发展的问题。快速的城镇化进程和人口增长也带来了对稀缺资源的竞争，建筑业的长远发展必须努力采用创新思维来应对这些挑战和提高其声誉，从根本上来讲，它必须减少自然资源的使用和废物排放，以免危及子孙后代的需求。可持续建造要求在基于资源效率和生态原则的基础上创建和维护一个健康的建筑环境。另外，大规模的城镇化建设和传统湿作业建造模式固有的缺陷（质量缺陷、高空作业、现场工人众多、产生更多的废料和对环境的污染、高安全事故率等）需要创新的建造方式来解决问题，工业化建筑的建造模式的优点体现为：高效的生产效率、有效地质量控制、缩短工期、降低现场施工的复杂性、更少的施工人员参与、资源利用率提高、减少废物排放、改善健康和安全性能、更紧密的集成供应链以及形成规模经济等，并且在日本、美国、德国、新加坡、中国香港特别行政区等地逐渐推广应用而且效果显著。

目前中国正经历着从传统的劳动密集型向现代建造技术方法转变的过程，中国现在比任何时候都更加需要一种新型工业化建造方法，旨在通过精简施工流程来获取行业利润和提高行业的能源效率。但是工业化建筑在中国的应用是非常缓慢的，很少有开发商主动使用工业化建造的方法，只有类似远大住工、万科这样具备从产品研发、设计、组件制造、建设、销售、物业管理整个流程开发能力的大型企业在早期试点了工业化建筑项目。

3. 工业化建筑相对传统建筑的优势明显

不同的研究人员试图确定并讨论在建筑业工业化产品的主要驱动力。Gibb & Isack 研究发现其主要优势在于改善质量和减少时间、成本和现场施工的复杂性，更少人员的参与使得现场活动变得更加简单。Blismas 报告了类似结果的定性调查在澳大利亚，他们还发现一个额外的驱动：熟练工人越来越短缺，工业化大生产的建造方式可以大幅度提高劳动生产率，能够节约工人现场大量的施工时间。改进产品质量普遍认为是工业化建筑的主要优势，在工厂可控的环境中生产，能提供更好的产品质量，允许更好地控制安全因素和质量。Yat-Hung Chiang 研究中国香港特别行政区的工业化建筑的结果表明，预制作为一种制造方法被推广不是为了降低建设成本，而是为了提高质量和效率，减少湿作业以及建筑垃圾。Tam 研究了中国香港特别公共住房 "和谐" 设计的三个备选方案，结果表明预制方案是最贵的，但却是更好的选择，因为它提供了最短的施工周期。

在英国，环境可持续性被认为是工业化建筑的主要推动力，好的工业化解决方案应生产高性能产品，使用新颖的材料和设计。职业健康和安全是视为工业化建筑的 "软" 驱动，工业化的建造方式被认为是通过减少现场施工时间、低危险性暴露、现场作业和现场人员减少来降低现场风险。通过主要施工组件的标准化，工业化建筑能够减少可变性和提升易建造性以及同时降低制造、生产、安装成本，这种标准化也将有助于提升工作的最终质量和减少废物。英国麦当劳餐厅曾采用空间组件的施工方法，把施工时间从 115 天减少到只有 15 天。

在 20 世纪 70—90 年代，日本的预制和施工自动化通常被视作是由公司、创新者和政府机构实施的先进策略，在 20 世纪 70 年代，日本 Sekisui Heim 公司达成年产量超过 3000 幢的建筑物，根据产能利用率，每个雇员每年可以实现三到四个定制建筑。在许多欧洲国家，预制房屋占有房地产市场相当大的份额，如德国（15%）、澳大利亚（33%）、法国（5%）、西班牙（5%）。在德国，人们购买预制建筑的原因则是相比传统建造建筑物的低价格和相对快速的交付。工业化建筑工厂化生产可保证组件的质量，减少现场湿作业，降低现场施工的安全健康的不利风险，并能大幅度缩短现场施工时间。根据 Gibb 的观点，施工过程中应用工业化和预制的生产方式，在创新和改善施工环境方面被视为是一个理想的解决方案。我国的建筑量约为世界总量的 50%，但工业化率不到 7%。

4. 工业化建筑的推进存在着诸多障碍

较高的初始资金成本被认为是实施工业化建筑推进的重大障碍之一。Jaillon & Poon 进行了传统建造和工业化建造模式下高层建筑施工成本的直接比较，工业化生产的建设成本约高于传统现场施工模式的20%。大量的初始资本支出，并且难以实现规模经济，被业内人士认为是实质性障碍。有限数量的制造商意味着一些项目工地可能与生产工厂存在很远的距离，大型和重型组件的长途运输会导致昂贵的运输成本。万科公司副总裁王蕴总结了万科工业化推进中面临的问题包括：一是使用工业化技术比传统施工方式的建造成本增加；二是总包与构件厂资源缺乏，地域分配不均，造成供应能力不足；三是因预制特点带来了对资金流的影响，原因是预制构件使得开发商的付款提前引起的刚性支出。另外，虽然从工程开工到交付的整体工期缩短了，但主体结构工期无明显提升，影响了预售时间，造成整体回款较慢。

Sadafi 通过对建筑业中利益相关者的访谈调查发现工业化建设进程中最关键的问题是设计冲突和技术短缺。工厂预制组件与现场组装之间的误差意味着两者之间的接口可能会有问题。工业化设计不同于传统设计的关键在于工业化设计需要在完成建筑设计后对建筑构件进行拆分最后形成构件图，构件图是构件生产厂家生产构件的唯一依据，而相应工业化设计规范的缺乏、设计人员在标准化设计的能力不足带来了后续构件生产和安装的缺陷问题。项目较长的准备时间对投资者和承包商而言都是一个重大障碍，它推迟了项目现场开工的时间，而没有从项目的一开始即把供应商、承包商集成到设计过程中，进一步带来了后期变更的困难。工业化建造方式需要在整个项目期间频繁的与相关方的沟通和有效的协调来确保在需要时准时交货。然而，建筑业的分散性质限制了这样的沟通与协调，难以对工业化建筑实行标准化设计，这意味着从不同供应商生产的组件可能不匹配，导致更差的质量和更多的缺陷。Blismas 发现高质量和高精度的工厂产品在现场安装到不太精确的组件上时也常常会产生问题。Blismas et al 认为没有完全理解和具备工业化知识，缺乏相关的指导、官方政策、专业规范和明确的市场信息阻碍了英国推广工业化建筑的进程。

与西方国家相比，中国政府对经济和社会的发展起了决定性的作用。政府一直在强调建筑业对国民经济的贡献，但并没有足够地关注技术发展和创新的结合，没有明确的政策支持住房建设使用工业化的生产方式。缺乏相关法规和措施的执行加大了利益相关者在寻求采用有效的工业化实践时面临的困难。缺乏对工业化建筑的适用性和整体利益的统一和系统的评估方法，如常见的成本评价方法考虑材料、劳动力和运输成本但常常忽略了健康、安全等方面的隐性成本。而且现有的评价方法不科学的原因在于对工业化建筑的评估往往是基于成本而不是基于价值的。

5. 工业化建筑的生产方式急需新的供应链合作理论的指导

工业化建筑的设计、生产、装配的生产方式改变了传统建造的业务流程和生产关系。工业化建筑的建造方式需要更加整合和创新的工作方式。在工业化建筑推广过程中主要障碍是供应链整合问题，如在马来西亚，尽管有新的法规和政府主导推动提升建筑行业工业化建筑系统（IBS）的质量和性能，但IBS的推广更需要高水平的技能、技术以及供应链协调与整合。零散的、对抗性的施工行业特点广泛影响建筑供应链的性能和影响供应链的整合，尽管IBS的施工方法早已承诺能解决和改善原有的施工流程，但结果仍然导致项目延期，并给工业化建筑带来一个不好的"名声"，并且在建设供应链各方之间难以建立整合和长期的协调关系。在工业化建筑供应链参与者之间的分裂和对抗的关系已被确定为马来西亚IBS的建设项目交付的主要障碍。工业化建筑的推广应用需要对传统的工作方式和供应链各参与方之间的关系进行根本性的变革。

尽管供应链合作的优势明显，但对于在建筑业中的应用和性能表现依然是落后于其他行业，尤其是制造业，采用市场、混合还是科层的组织类型为供应链管理的"从理论到实践"的应用提供了一个强劲的理论基础，但如何在工业化建筑背景下做好理论的应用并不明确。

1.1.2 调研与问题提出

为了切实发现问题，选择了典型的工业化建造的住宅项目和大型预制部件生产基地对供应链合作的运行现状进行市场调研，调研分析发现：

1. 工业化建筑供应链中的建造流程界面割裂带来了施工缺陷

总承包商、预制部品生产供应商、设计方在流程界面上的分离带来了各种施工上的缺陷。如传统建造中的现浇混凝土构件出现问题在现场可以快速处理解决，而预制组件的尺寸错误、安装误差偏大、质量缺陷等往往到了现场安装阶段才被发现，重新返工带来了工期拖延、成本增加等实际问题。尤其是在工业化建筑推广的初期，各方在实际操作方面没有更多的经验，这类问题变得更加突出。

调研项目选择了某工业化住宅项目，工程总承包商是一家具有房屋建筑特级资质的施工企业，预制部品供应商的生产基地是国家住宅产业化示范基地，总承包商、预制部品生产供应商、设计方在此项目中首次合作，调研中集中发现了以下问题：

（1）设计未充分考虑施工问题带来的施工缺陷。有些设计节点，现场施工操作较困难；部分节点，由于施工顺序颠倒带来安装操作困难，耗时较长。例如 Y 向墙板与 X 阳台向墙板上部叠合梁预留锚固筋位置冲突，安装困难，如图 1.3 所示。门过梁单独外挑，易折断或出现裂缝，如图 1.4 所示。梁锚固筋无法插入后浇段的剪力墙中，如图 1.5 所示。

图 1.3　位置冲突

图 1.5　梁锚固筋无法插入　　　　　　图 1.4　梁外挑

（2）预制部件生产过程的质量控制问题带来的施工缺陷。部分阳台墙板 X 向与 Y 向的间距过大，部分锚环遗漏，后期容易造成裂缝，如图 1.6 所示。叠合梁上部键槽不符合规范要求，如图 1.7 所示。部分预制构件竖向结合处粗糙面处理不达标，表面杂物、浮浆及松散骨料较多，如图 1.8 所示。

图 1.6　墙板间距过大　　　图 1.7　叠合梁上部键槽　　　图 1.8　粗糙面

（3）运输过程缺陷。部分到场构件锚固板缺失，如图1.9所示。部分构件出现裂缝，如图1.10所示。部分外墙外页板存在缺角掉棱现象，成品保护措施不足，如图1.11所示。

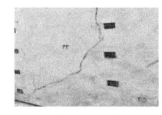

图1.9　锚固板缺失　　　　　图1.10　裂缝　　　　　图1.11　外墙外页板

（4）生产与施工不衔接问题。表现为：墙板构件裂缝，造成构件返厂，构件进场迟缓。墙板构件键槽留置不规范，粗糙面处理不符合要求，造成构件返厂。如部分坐浆层与预制构件结合面间存在裂缝，如图1.12所示。板底电气预留洞口封堵较随意，需要由设计出具技术处理意见，如图1.13所示。电气井道周边配管过密，占用板截面过大，施工方提出管井及电气井后浇部分安全隐患较多，需调整浇筑方案，如图1.14所示。

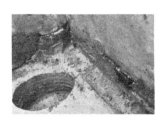

图1.12　裂缝　　　　　图1.13　洞口封堵　　　　　图1.14　电气井道周边

上述仅列举了部分问题，还有诸如运到现场吊装到预定位置的预制构件因尺寸误差过大无法安装而重新返回工厂修改尺寸后重新运输安装等，带来了严重的工期拖延。上述问题主要发生在工业化建筑推广的前期，供应链中总承包商、预制部品部件生产供应商、设计方三者间还没有摆脱传统建造模式的约束，各方实践经验不足，没能充分考虑预制部品部件的生产、运输、安装与现场施工的对接而造成的。

2. 工业化建造的某些关键技术和产品研发滞后，产品研发成本较高

调研的工业化住宅项目的结构体系选用的是目前行业中集中应用的装配式混凝土剪力墙结构，此技术主要采用底部竖向钢筋套筒灌浆或浆锚搭接连接、边缘构件进行现浇连接。该技术方案的传力方式、受力性能接近现浇的剪力墙，利于设计和拆分，但此技术的主要缺点在于连接施工手工作业多、质量控制和施工操作难度较大，其成本也较高。另外，对框架结构及其他类型的装配式结构技术研究和应用较少。

又如夹心墙板连接件是保证"三明治"夹心保温墙板内外层共同受力的关键配件，该配件需要承受两片混凝土墙板间的剪力以及夹心墙板在重力、风力、地震作用、温度等作用下传来的复杂受力，还必须解决其长期使用后的老化、热胀冷缩性能的影响。在2019年住房和城乡建设部发布了作为建筑工业行业产品标准的《预制保温墙体用纤维增强塑料连接件》JG/T 561—2019，在这之前，企业对连接件的检验仍然按相关企业标准执行，对连接件的布置，设计的应用技术也处于空白，该标准的征求意见稿中也只是说明"连接件间距按设计要求确定"。目前有些企业已开发出替代进口产品的连接件，但该行业标准还未实施。国内学者对连接件的研究还大多集中在材料本身的抗剪、抗弯等力学性能，但在抗压、抗剪、抗拉等综合复杂受力下的研究较少。对于产品的研发而言，需要产品研发资金的投入、持续产品创新。

调研企业选择的是一家规模较大的国家住宅产业化示范生产基地。该企业对夹心墙板连接件不能自主研发，全部采用进口件，带来了生产成本的增加。不能自主研发的主要原因在于：企业自主研发力量薄弱，企业没有足够资金投入产品生产研发的创新中，而且市场中也无法找到满足要求的该配件的生产供应商。

3. 工业化建造方式的优势在供应链的流程中未能充分发挥

工业化的建造方式需要进行核心业务流程的重组，对精益管理模式的应用提供了可能性。精益管理模式包括看板管理、准时生产（Just In Time，JIT）、全面质量管理、柔性生产管理的需求，能最大限度地减少浪费。精益管理思想对项目的目标、组织、决策、实施过程等各方面都会产生根本性的改变。精益建造是把施工过程理解为像制造业一样的"真正的"生产过程，消除在产品和施工流程中的非价值增加的部分，精益生产的成功实现需要良好的团队合作。在传统建造模式下由于受现场湿作业、大量手工劳动、繁多的材料品种等影响无法实现精益生产。

但是，根据选择的三家规模较大的混凝土预制构件生产厂家调研中发现：预制部品生产工厂的产能未能得到全部释放，生产率较低。具体问题体现为：预制构件生产不连续，根据工地计划需求生产产生了等待窝工；又或者预先过多生产带来了大量库存及二次搬运，而搬运过程中又对产品质量产生影响；工厂化操作过程中的质量管理模式也较为混乱，无法摆脱传统工程质量管理模式的束缚，缺乏关注质量的过程控制。供应链上的节点企业还未能完成独立个体的封闭模式向各方通力协作的开放模式的转变，构件生产商与总承包商信息沟通不畅，协调成本较高；构件生产的规模效益不明显带来了较高的生产成本；物流配送没有形成系统化、规模化。这些均表明工业化建筑的建造、管理模式的结构性变化没有引起足够重视，准时生产、全面质量管理、柔性生产管理等精益管理的建造模式还未能充分发挥优势。

4. 信息化技术在工业化建筑供应链中的应用程度较低

工业化建筑的建造规模、工期远大于一般性的工业产品，供应链中的各参与成员复杂，各方产生的各类信息繁多，还需要互相交流信息，形成了复杂的信息流，对各方协作的要求较高，协调控制的难度较大。没有强有力的信息技术的支撑，在供应链各个节点极易会出现"信息孤岛"的状态，无法支撑全方位的信息共享，反之，流畅的信息沟通会带来良好的项目绩效。在建筑业中信息化技术应用的主要瓶颈是信息不能共享，而 BIM 技术能最大限度地使参加各方信息共享，并能优化设计、减少设计缺陷、大幅降低设计变更、节约成本和缩短工期等。如 BIM 技术在国内某些大型建筑项目已有成功应用，如上海大厦中心项目、国家会展中心项目、天津 117 大厦、珠海歌剧院等。在工业化建筑亦有应用，如上海城建集团承建的上海浦江基地 05-02 地块保障房项目采用预制装配整体式混凝土住宅技术体系，预制率达到了 50%～70%，通过 BIM 技术，实现了设计、生产、施工全供应链的信息化的项目管理，建立了基于 BIM 及物联网技术的 PC 构件生产及施工管理系统，研发了 RFID 芯片及现场手持设备。上海城建集团是一家全产业链的、纵向一体化的公司，推行 BIM 技术，得益于能够集全集团设计、生产、施工之力达到了预期的良好效果。但在许多的工业化建筑项目中，BIM 技术的应用并不普遍，主要原因多表现在：建设单位应用 BIM 技术的主观愿望不强；既懂工业化建造又懂 BIM 的设计、施工人才很缺乏；BIM 技术包括软件、培训等的投入成本较高，带来的收益不能及时显现，设计方和施工方应用并不积极等。这些原因极大地阻碍了 BIM 技术在工业化建筑中的推广应用。

调研分析发现：工业化建筑供应链各方还没有形成有效的协同合作，针对工业化建造模式下的节点企业合作动力、合作伙伴的选择、合作绩效的影响因素均尚未形成完善的系统的理论研究。针对上述工业化建筑在推广阶段出现的种种现象，本文提出以下研究问题：

（1）工业化建筑供应链中主要参与主体的协同合作能解决建造流程界面的分裂

问题，但针对合作的机理研究并不充分，那么促进供应链各方合作的动力要素有哪些？夹心墙板连接件案例调研直接说明了由预制部品部件生产商单独承担产品的创新成本会阻碍产品的研发和创新。那么产品或技术的创新成本是由供应链中的参与各方共同承担是否会阻碍合作或合作演化的趋势是怎样的？合作收益的分配方式又是否会影响合作方的参与？在环境等因素发生变化后，供应链的合作又是否会发生变化？即解决工业化建筑供应链合作的动力作用问题。

（2）想要实现精益生产，达到规模效益，预制部品部件生产商与总承包商的无缝对接尤为重要，而且需要长期的合作才能实现，另外对总承包商而言，市场重新搜寻预制件供应商的成本也很高，选择综合实力强的合作伙伴对项目成功实施至关重要，相对于传统建筑中对材料、设备供应商的选择方法不同，需要总承包商来确定采用哪些指标来建立预制部品供应商的指标评价体系？选择什么样的评价方法更为科学、客观？即解决对预制部品部件供应商的选择问题。

（3）供应链企业建立合作关系后，还需要进一步找出对合作绩效产生重要影响的因素有哪些？而且对合作绩效影响因素的分析会影响到对合作实施路径的选择有重要的参考意义，是否需要建立合作绩效的影响因素评价指标体系和合适的评价方法？即解决供应链合作绩效的关键影响因素问题。

（4）建设项目是单件性的、一次性的，如何使得供应链企业进行高效、主动、长期的合作？信息技术的应用能否推进供应链企业间的合作？即解决供应链合作的实施路径问题。

1.2 研究目的与研究意义

1.2.1 研究目的

根据前述的工业化建筑发展中的流程界面割裂、工业化建造优势未充分显现以及目前对供应链中的合作机理研究尚不完善等缘由，本书的研究目的为：

（1）形成工业化建筑供应链合作的概念体系，并对其合作的动力要素进行系统认识，明确合作技术创新的演化路径和演化方向、合作收益的分配以及合作的自组织协同过程；目的是阐释供应链合作的动力机理。

（2）建立针对预制部品生产供应商作为合作伙伴的选择指标体系，目的是找到适合预制部品部件供应商的评价指标和科学客观的选择方法。

（3）找出影响供应链合作绩效的众多因素，并对因素间的因果关系和对合作绩效的影响程度进行分析，目的是找到对合作绩效产生主要影响的关键因素，为推进供应链合作的路径方法提供参考。

（4）提出根据信息技术平台应用、建立信息共享机制、关系治理机制等工业化建筑供应链合作的路径框架。目的是找到具有现实操作和理论参考的推进合作顺利进行的实施路径。

1.2.2 研究意义

1. 理论意义

（1）丰富完善了针对工业化建筑供应链合作的理论研究。目前学者们对建筑供应链、供应链合作等的研究还主要集中在传统建筑或其他行业供应链中。传统建造的供应链关系不再完全适用于工业化的建造方式。而针对工业化建筑的供应链，还没有形成清晰的研究范围、边界和合作模型，还无法对工业化建筑的顺利推行进行有效的指导。本书的研究从博弈论的角度分析工业化建筑供应链合作的根本动因和合作创新的演化路径，为工业化建筑的供应链合作协调提供理论指导。

（2）为工业化建筑供应链合作的运作方法提供理论参考。工业化建筑供应链中必须考虑预制组件供应商的参与，工业化的建造方式与传统建造方式的区别都会带来工业化建筑供应链的运作流程和运作模式与传统建筑不一致。针对工业化建筑供应链合作的运行方法需要进行全新的研究和理论的指导。本书构建了供应链合作伙伴选择评价指标体系、评价方法和评价模型，找出了工业化建筑供应链合作绩效的影响因素，包括原因因素、结果因素、中心度因素等关键影响因素，并据此对工业化建筑供应链合作的实施路径提供参考。

2. 实践意义

（1）为工业化建筑供应链合作的具体实施提供技术支撑与参考依据。通过工业化建筑供应链合作伙伴选择指标评价体系的构建和方法的选择，可为实践中合作伙伴的优化选择提供指导。合作绩效评价的影响因素分析可对供应链合作的结果进行量化分析和评价，找出关键的影响因素并进行措施改进。基于信息技术支撑的共享沟通平台的建立是工业化建筑供应链合作的顺利推行的必要手段之一，而建立在关系规范、信任、承诺基础上的关系治理是进行长期合作不可或缺的推进措施。

（2）对工业化建筑在我国的顺利推广提供相应的实践参考。从实践和国家目前对工业化建筑的重视程度来看，工业化建筑在未来的推广应用具有势不可挡的强劲态势，工业化建筑的建造技术、流程模式、管理方法等日臻成熟，对供应链合作的实践也急需供应链相关理论的支持和指导。本书在对工业化建筑供应链合作机理研究的基础上提出了供应链合作实施的"软"路径和"硬"路径，为供应链合作各利益相关者提供了现实指导，对工业化建筑的顺利推广具有一定的实践指导意义。

1.3　国内外研究现状与研究评述

1.3.1　建筑供应链的研究现状

1. 建筑供应链的结构或运作模型

建筑供应链的应用模型。王红春阐述了大数据环境中的供应链采购的优势，目的是建立针对承包商而言，基于供应商大数据的总体采购成本最小化的运作模型。李毅鹏通过产品外包或者赶工的方式建立了多个供应商针对一个总包商的横向协同模型来解决建筑材料存放场地及空间限制，仿真结果表明该方法能降低总承包商的成本和实现供应链的优化改进。

建筑供应链的组织结构。刘跃武基于 Williamson 交易成本经济学的原理，为了节约建筑供应链内产生的成本，构建了建筑供应链交易成本模型。王挺提出了建筑供应链模型及供应链管理模式应用的可行性及实施方法。孔海花等基于建筑工业化背景，在传统建筑供应链组成中重点加入了建筑部品部件制造商及供应商，建立以总承包商为核心的 EPC 模式下的供应链的组织结构，明晰了各参与主体及其主要职责以及实现高效协同运作的措施建议。许杰峰基于建设项目高度个性化的供应链管理难度，研究了能快速响应顾客需求、供应链成员间能快速结盟、重构、扩充并能通过网络快速进行信息、知识共享来实现信息流、资金流、物质流有效控制的敏捷供应链。

2. 建筑供应链绩效评价

目前用于建筑供应链绩效评价方法有定性和定量两类。陈艳，安海宁等结合标杆法能综合实践与过程结合、能进行系统优化改进完善的特点构建了针对精益建筑供应链进行绩效评价的内外部评价指标和评价体系，实证分析表明该评价方法能够找到建筑供应链中的系统改进的方向和内容。王海强把成熟度模型分为初始、基本、外部整合、协作和优化 5 个等级，进行了建筑供应链的绩效评价。马雪

13

基于供应链运作参考模型（SCOR）对建筑供应链绩效评价进行了研究。M. Agung Wibowo 使用 SCOR 模型衡量了道路工程项目的供应链绩效。Hasan Balfaqiha 总结了绩效评估模型的常用方法，包括 AHP、ANP、DEA、Delphi、仿真、不确定性分析等方法。

陈伟伟基于绿色建筑供应链特点，应用改进的平衡计分卡方法来建立绿色建筑供应链的指标体系，并通过遗传算法、主成分分析等对传统的绩效评价方法进行了改进。陈欣建立了供应链的网络能力评价指标，以物流系统的角度对针对施工企业供应链的运营绩效进行了评价体系构建和实证效果分析。

3. 信息技术在建筑供应链中的应用

彭小锋、曾凝霜等根据客户订单解耦点（CODP）方法有效分类不同类型供应商，借助 BIM 方法构建建筑供应链模型以适应订单变化的识别、物品库存控制，并为施工进度与供应订单的协同建立了可视化、可操作的运作平台。毕立南从供应链的脆弱性的视角，以信息技术为支撑、以信息协同为手段，并建立包括外部稳定、跨企业和跨部门协同来促进企业间的信息协同的实现和整体应对风险的能力。郑云应用 BIM 模型提供精确的建筑物构件清单，应用 GIS 确定供应商的最佳运输线路，二者的组合能有效监控供应链不同阶段的物料状态并能减少整体供应链的运营成本。俞启元基于数据挖掘和数据库协同决策技术来建立针对建筑施工企业包括供应商关系管理、客户关系管理、本组织的业务管理等进行供应链信息协同管理。

Javier Irizarry 建立了一个自动化的系统，它集成了无线射频识别（RFID）和全球定位系统（GPS）技术，二者联合可以消除劳动密集型数据收集和跟踪资源视线距离的限制，不仅提供在建筑工地自动跟踪，也允许实时跟踪预制构件的运输信息。Ani Saifuza 提出，首先，应该实现建筑设计和工业化生产的信息集成，通过设计模型可以直接使用最新的建筑设计数据并自动计算建筑元素的生产所需材料数量。这将提高预制生产过程的规划和组织。其次，现场项目管理和项目信息处理等相关活动应该合并和集成在预制部件的制造过程中，从而提高物流的效率并能实时跟踪整体项目进展。

1.3.2　建筑供应链合作的研究现状

1. 建筑供应链合作的优势

14　　自沃尔玛公司成功和上游供应商（如宝洁公司）建立成功的供应链合作后，供

应链合作已被世界上许多公司采用。供应链管理（SCM）概念起源和盛行于制造业。Shingo 认为 SCM 是精益生产（JIT）交付系统的明显标志，作为丰田 Toyota 生产系统的一部分，用来调节丰田汽车工厂在正确的时间生产正确的数量。供应链合作能降低交易成本、提高销售额、提高预测精度等，它鼓励所有的参与方共同参与规划、预测、补货、信息共享、资源共享和激励共享，当然"利益共享"是供应链合作的关键要素。有效的供应链管理策略已经成为主要的合作形式的同义词。成功的供应链合作策略被认为可以同时显著提高顾客价值和降低业务成本。建筑企业与供应链合作伙伴建立良好的合作关系能够提高生产效率、灵活性和可持续的竞争优势。

2. 建筑供应链合作的障碍

供应链的合作管理在建筑业中的应用效果仍普遍被认为落后于其他行业，尤其是制造业。Usha 认为供应链合作的障碍可以分为组织障碍和运营障碍，有时组织内的行为问题也可能导致失败的合作关系。Fliedner 认为缺乏信任、缺乏内部预测和对共谋的担忧是实施合作的三个主要障碍。Green 认为建筑供应链不成功并不一定是供应链管理的原因而是因为缺乏对复杂多样项目驱动的施工环境的足够关注。缺乏供应链各方的共识、缺乏对各方战略需要的共同理解是发展建筑供应链合作的一个严重障碍。Mohammad Fadhil 梳理了工业化建筑供应链合作的障碍包括：缺乏信任、相同目标、不同的文化差异、缺乏高层管理者的沟通和支持、敌对的合同关系、缺乏长期关系的建立、过于依赖协议、不充分的合作能力、对顾客需求理解不足、缺乏设计参与以及缺乏实践标准等。

3. 建筑供应链合作的影响因素研究

Manoj Hudnurkar 梳理了 28 篇供应链合作影响因素的论文后总结了影响供应链合作的关键因素包括：沟通、信任、适用性、项目的利益相关者、技术水平、合作等级、供应链创新流程、供应链各方的业务战略、长期合作关系的依赖性、保护性合作协议、信息共享程度、合作决策的一致性、激励同步、资源共享、组织文化差异以及合作绩效评价体系等。Per Erik Eriksson 研究认为基于项目的供应链合作应是一个四维结构的集成，包括合作强度、范围、持续时间和集成深度，这四个维度之间的相互依赖性很强，需要同时、系统地、而不是孤立地管理它们。另外，信任是成功的供应链合作的基本要求。Richard Fulford 总结了目前存在许多的供应链类型，例如稳定的、不确定的、成熟的、发展中的、功能性的、创新性的、推动的、拉动的，但事实上没有任何一种供应链管理模式是万能的，但是协作、信息的标准化和信任是成功的供应链合作的基础。

4. 建筑供应链合作伙伴关系研究

供应链伙伴关系（SCP）越来越被视为用来提高建设行业的生产效率和生产流程的质量的一种有效方式。受益于合作的供应链合作伙伴可能会趋向于长期的合作，互相依靠来寻求更高的绩效目标。传统的供应链管理研究侧重于操作方面，强调产品和服务的有效流动，目前的研究则把更多的重点放在供应链战略方面，以建立更好的伙伴关系绩效。研究一般将供应链伙伴关系视为一个连续的整体，从独立的伙伴关系到以其相互依存程度、排他性和战略目标为基础的战略伙伴关系。Kim et al. 的研究表明，承诺、信任、沟通和领导力是供应链合作成功的关键因素。然而，只有少数研究人员进行深入研究如何将这些内容用于工程实践。卓翔芝研究了供应链合作伙伴的关系不确定性和成功率低的问题，建立了合作伙伴之间的得益矩阵模型，并应用进化博弈理论分析了合作伙伴关系的形成和演变过程。Lena E. Bygballe 确定出了合作关系的三个关键维度：关系持续期，合作伙伴和关系如何建立。精益建筑供应链研究是致力于消除项目浪费和冗余支出并在协同合作基础上最大限度满足顾客需求。

5. 建筑供应链合作绩效的评价研究

对于合作绩效的评价因素。供应链绩效评价应作为一个整体来考虑，绩效测量因素和标准应根据业务目标，并设定明确的定义的目的和范围，专注于适当数据的收集和整理方法。Ramanathan 比较两案例公司业绩对需求规划和预测并提出合作在供应链流程中存在 3 个不同的层次，即预备级、进步水平和未来的水平。Usha 找出了 5 个合作绩效评估的重要因素，即业务目标、财务目标、供应链流程、信息共享和协作程度。Gunasekaran & Kobu 总结分类了绩效测量的方法包括：平衡计分卡（BSC）的角度（财务、客户、内部业务流程、学习与成长）；绩效测量的组成部分（资源、输出和灵活性）；供应链合作措施的实施位置（计划，来源，制作和交付）；决策水平（战略、战术和实际操作）；措施性质（财务及非财务）；计量基础（定量和非定量）和传统与现代的措施（基于功能或价值的）。姜阵剑基于 DEA 方法，采用了输入和输出两方面的评价指标体系，建立了建筑施工企业供应链协同的评价方法。王要武、郑宝才从建筑供应链合作伙伴选择中用到的标准制定出发，建立了详细的标准体系和各指标的量化方法。

还有许多学者探讨了合作绩效的评价模型。Akkermans et al. 提出了一个探索性因果模型，其中包括利益相关者、业务战略、流程和使能技术。通过供应链合作创造的价值是基于它如何能够帮助企业更有效地匹配供应和需求来提高整体供应链绩效。

6. 建筑供应链的合作模式研究

由于全球化、外包、信息技术（IT）和集成的增量需求，今天的企业界限越来越少。在建设项目中，供应链管理的成功应用需要项目合作、战略联盟、施工框架协议等紧密联系。供应链管理的"功能"是以最低的交易成本购买、分发产品和服务而同时获得供应。E. C. W. Lou 研究发现工业化建筑系统没有被建筑公司接受的原因是未能充分处理工业化项目中的风险。可通过分包和建立子公司采用合同风险转移的方式来降低风险。承包商可以通过设计一种和一个或多个分包商建立特定的管理来拥有预制技术，比如基于项目的合资公司，垂直整合，甚至内部化。Stuart Tennant & Scott Fernie 综合了 Powell's 的"市场、层次结构和网络"的分类和 Williamson 的三个公认的经济组织形式：开放组织、混合组织和封闭的组织讨论了"市场、科层、混合"建筑供应链管理的分类模式。Williamson 认为组织理论的指导原则，特别是经济组织机制发展对于供应链管理在建筑环境中的应用提供了一个连贯的、健壮的和权威的基础。他认为，在市场的推动下，供应链管理被称为是最受欢迎的商业交换的结构形式，它在传统的建筑采购方式呈现出低模糊性（低成本）和高机会主义（低信任）的特征。Heide 研究了跨组织治理三种形式之间的区别——市场（基于契约）、单边（基于权力）、双边（基于关系），分别依靠价格机制、层级结构和社会化过程来管理跨组织的活动。

王挺总结了建筑供应链的两种模式，包括纵向一体化—纵向集成的总承包模式和横向一体化—横向集成的建筑供应链动态联盟模式。因为市场的突然变化可能会对已建立好的联盟造成破坏，可能会导致某些不适应的制造商退出，所以不同的利益相关者需要建立更紧密的联系和确定合适的项目。合作需要许多不同的形式，包括战略联盟、企业联合、第三方物流、短期和长期合同、合作伙伴采购和零售商—供应商合作伙伴关系。

1.3.3　工业化建筑供应链合作的研究现状

1. 工业化建筑供应链合作伙伴关系研究

Faridah 探讨了马来西亚工业化建筑系统中供应链合作伙伴关系的概念，他认为供应链伙伴关系指的是由不同的过程和活动组织起来的网络，它们集成了生产、采购和交付建筑的材料、组件和服务，并认为这种关系是建立在信任、愿景、决策和持续改进的基础上的。Larson 在他的研究中得出的结论是以敌对关系方式管理的建筑项目的成功率最低。通过供应链合作，这一问题的解决朝着协作的工作关系的形式发展。

2. 工业化建筑供应链合作的信息管理

Nenad C 基于案例分析，研究信息流与整个建筑业供应链的物料管理的集成，以及如何在设计阶段、预制阶段、现场施工三个关键流程中搭建信息桥梁，并解释了建筑信息模型（BIM）应用的价值和必要性。设计、制造、施工过程的集成以及在这整个流程中物资资源使用的透明信息，将为供应链中的所有利益相关者带来显著的好处。BIM 模型提供的信息映射能在整个建筑供应链中改进项目的进度监控、详细的计划和管理材料的流动。Wenzhe Tang 认为有效的信息沟通可以提高整个项目的建设效率，大多数合作伙伴努力尝试给项目团队成员增加自主性，降低决策权到最低可能的水平以便提高决策的有效性，使得人们对于操作层面上的信息问题能够直接处理，这样当问题出现时，在可能产生严重不良影响之前他们可以及时发送到适当的渠道去解决。信息共享可以分为垂直、水平和完全共享。垂直信息共享表明供应链中的买方和卖方是合作伙伴，相互共享信息。横向信息共享是指买方与买方、卖方与卖方，甚至是竞争者和竞争者之间的信息共享。最后，信息完全共享是指纵向和横向相结合的信息共享，可以有效地提高整个供应链的利润和绩效，从而最大化总体利润。

3. 工业化建筑供应链合作的组织结构模式

工业化建筑中应用合作方法带来了免于机会主义行为的商业模式，这种合作的商业模式使瑞士建筑业提高了施工过程的预制水平，在预制生产行业中实现了大规模产品定制并在业主服务过程中引入了系统服务。

刘禹认为应建立以施工方（承包商）为核心的、向前延伸——施工工艺设计（而不是建筑设计）、向后延伸——预制构件研发（而不是生产）的产业集成体系。吴江虹认为应建立以设计师为核心的生产组织团队，向前延伸——预制构件研发、施工工艺设计、向后延伸——施工监理、造价控制（施工管理）的产业集成体系。岳意定认为应建立以建筑构件工厂化生产企业为核心企业通过同时与销售企业、设计机构、物流公司、安装与售后服务公司间以相关契约为纽带围绕工业化建筑产品实现而形成的供应链战略联盟。叶明认为可以是多种模式并行，一个是以房地产龙头的资源整合模式，如万科是技术研发、应用平台、资源整合一体；一个是设计、开发、制造、施工、装修一体化建造模式；一个是以施工总承包为龙头的施工代建模式。上述的这些模式在一定的环境下或针对不同的项目、企业背景都有存在的理由。

1.3.4　研究评述

综上所述，国内外很多学者已经对工业化建筑供应链以及供应链合作协调进行了大量的理论研究和实践调研，并取得了积极有效的重要成果。工业化建筑与传统建筑的供应链之间的组织模式、流程、参与各方等产生了明显的区别，如工厂化生产的预制件供应商将完全介入并改变传统的施工流程，而把预制组件或模块集成到建筑供应链中需要参与各方在供应链中的紧密合作。从项目的最早期阶段开始总承包商和供应商、分包商等之间的合作对于保证建筑组件和服务有效及时地交付至关重要。供应链合作（SCP）已经越来越被视为是一种提高建筑业生产流程的效率和质量的方法。SCP的主要目标是通过建立供应链上下游参与者之间的紧密关系并通过整合他们各自的活动和系统来改善项目绩效。建筑供应链合作是主要建筑业务流程的集成，强调以系统的观点建立利益相关者之间长期、双赢、合作的关系，它最终的目标是改进施工绩效和降低成本来增加客户价值。目前建筑供应链管理的应用主要集中在内部供应链集成的物资资源管理上，在规划和设计的早期阶段还没有进行关于建立合作伙伴关系、基于信息技术和物流规划相关的战略决策。

工业化建筑供应链的整合代表了对建筑业中传统敌对关系的根本性转变。供应链实践不能孤立地提高个体的效率而是直接依赖于合作（Cooperation）、协调（Coordination）和协作（Collaboration）三个层面的高效的集成。集成的供应链必须应用于组织内或组织间的工业化建筑建造的所有阶段，而不是简单地基于分段协作的工作关系。供应链合作还需要建立完整的产业链流程、各参与方的合作、各参与方和建造过程中的信息集成。成功的供应链管理策略被认为同时显著提高顾客价值、降低业务成本。供应链管理的应用通常是与建设合作、战略联盟、施工框架协议等最佳实践活动相关联。

而目前对于工业化建筑供应链管理和合作的观念尚未在行业中得到完全理解。针对工业化建筑的供应链合作协调的动力机制、影响因素以及合作伙伴的选择、关系协调等方面尚未形成系统性的研究。应重点关注：

1. 工业化建筑供应链合作伙伴关系

持续合作、共享有效信息和强有力的伙伴关系，需要合作者更多地关注资源和承诺、组织内部的支持、技术应用、内部和外部的信任和互利。合作伙伴关系间信

19

任的存在能改善沟通质量，团队成员可以在信任的环境中作为一个统一的整体协同工作，最终结果是加强合作。早期供应链阶段，Latham强调了建筑业依赖竞争性招标进行工作分包，并重点关注在总承包商和他们的供应商之间普遍存在的敌对态度。建筑业的特点是一次性合同和总承包商与主要供应商之间能否形成长期的合作关系。当客户需求更好的产品和更可靠的服务时，对供应链运作的改变带来了动力。一些总承包商已经开始与上游客户建立合作伙伴关系，并探索与下游关键材料供应商和分包商延长合作协议的可能性。在工业化建筑供应链的成员企业中，预制构件或建筑部品的生产供应商是相对于传统建筑供应链而言新加入的非常重要的成员企业，总包商如何选择合作伙伴并与其建立长期稳定的合作伙伴关系对于建设项目的交付和完成各方的目标至关重要。

2. 工业化建筑供应链合作的信息沟通需求

工业化建造是把部分现场施工的活动从建筑工地转移到工厂制造。由于人力、材料、设备在一个项目中必须保持高度的协调，所以工业化的建设流程需要项目中合作伙伴间更高层次的协调，这种协调涉及频繁的信息交流。在工业化建设中，许多建筑工地用到的预制构件和部品可能来自同一制造商。因此，建筑组件的生产和供应必须融入每个建筑工地的整个项目的对应时间表中。预制制造商在多项目的环境中工作，预制和施工过程是并行的。在一个建筑工地，一方面，如果工厂没有按要求提供充足所需的建筑构件会带来严重的工期延误；另一方面，如果工厂在工地不需要时过早地生产出了预制部件则增加了存储成本，同时也会影响对其他建筑工地的供货。需要在合作伙伴中建立强有力的信息协调和统一。在工业化建筑供应链中各方对信息共享的需求更为迫切，预制构件或建筑部品的生产商需要根据工地计划制定生产、运输计划，总包商需要根据工程进度及时提出构件需求、运输、现场安装计划，并需要及时向生产商反馈构件在工地的安装信息。

BIM、网络、电子商务等信息技术的发展，可以消除信息共享的技术障碍，通过建立完善的信息保障、激励和约束机制，促使来供应链成员企业自愿分享私有信息来获得信息共享的利益分配、信息共享成本的分摊等效用。合作伙伴间的信息共享和相互信任对有效的供应链计划、成功的供应链整合而言是至关重要的，通过改善贸易伙伴之间的信任和信息共享、改善供应链管理中的关系承诺能显著提高合作伙伴之间的合作绩效。

3. 工业化建筑供应链的合作模式

基于目前国家正在大力推广工业化建筑和为了解决工业化建筑推广中面临的障

碍，提出建立由各不同企业组成的供应链的组成模式、运作机制具有重要的现实意义。

在目前我国大力推广工业化建筑的初期阶段，找到适合的供应链组织模式尤为重要。供应链的形成模式应取决于其所面对的不确定性和复杂性问题。科斯的重大贡献在于提出了企业的边界问题，"企业在何时通过自己生产来满足自己的需要（后向、前向或水平一体化），何时通过市场采购来满足自己的需要"。Williamson的观点是"当一项商品或服务通过技术性分离的界面进行转换时，交易产生了"。产生交易成本的关键因素是有限理性，当交易成本高时，交易成本在科层中相比较于市场是低的，市场可能善于节约生产成本但不善于节约交易成本。对于Williamson提出的"做还是买"的问题实际上是在科层和市场治理结构间如何决策的问题，具体到工业化建筑供应链而言，对提供最终的工业化建筑的问题核心在于供应链形成的边界在哪里？即供应链包含的范围和内容决定了它的形式。一种是包含设计、研发、制造、施工、装修的全产业链式企业，即纵向一体化，企业通过把原来外部上游、下游的产业公司整合入企业内部，形成业务集成的集团公司；另一种是以某一方为核心形成供应链组织联盟合作的形式，即横向一体化，以建设流程中的某一方为核心企业，整合上游、下游的产业公司，包括设计公司、施工公司、建材生产厂、预制构件生产厂、钢筋钢构件加工厂、厕浴厨房等部品加工制造厂等共同组成项目战略联盟。

在市场和科层混合的供应链管理模式下，呈现出信任而不是价格或权威，是合作而不是竞争的商业交换结构，基于独特的经济条件，建设客户和大型建筑承包商间的建设合作、建设框架协议成为一个越来越有吸引力的业务定位。良好的可信的混合供应链管理机制成为可行的建筑服务和商品的交换。

在科层的供应链管理中，其优势是具有清晰的项目界定、明确的统一指挥和广泛的性能测量工具，在供应链的层次结构中可以形成具有投资、研究、开发和市场竞争能力的、高度复杂的服务和产品。与市场供应链相比，这种供应链模式的资产特异性可能非常高，显示了独特的供应链管理属性，如大型建筑企业集团的子公司提供专业的产品（预制构件产品）或独特的专业服务（建筑信息模型）。但固有的组织和运营风险会使得内部经济交流越来越官僚化和最终的制度化。在发生重大的建筑业务下滑时，缺乏商业反应的敏捷性和组织的灵活性可能会导致过多的未充分利用的资本资产。在应对市场波动性时，大型建筑企业集团可能会选择分解这种科层的供应链管理方法和回归到另一种类型的供应链管理，即市场或混合。

1.4　研　究　内　容

为了丰富理论内容和实践指导的研究目标，本书研究的主要内容包括以下四个方面：

1. 工业化建筑供应链合作的动因分析

工业化建筑供应链合作的核心动力是利益趋同，而减少交易成本、产业拉动、市场推动、资源驱动、制度导向等是推进合作的具体动力。对于复杂多变的项目内外部环境，在供应链各方形成初步联合后，其关系并不是一成不变的，应用演化博弈理论来解释总包商和供应商合作创新的演化过程。结果表明存在最优的合作收益分配系数以及最优的风险损失减少值的最优分配系数，使得供应链向合作方向演化的概率最大。从联盟博弈的角度研究工业化建筑供应链合作的前提条件，即供应链各方合作会带来的额外的项目收益，研究合作剩余如何在联盟各方进行公平的分配以保证联盟的内部稳定。并应用协同学中自组织理论来分析合作在序参量影响下的演化过程。

2. 工业化建筑供应链合作伙伴选择

根据工业化建筑的特点和分析不同单一评价方法的优缺点，建立了基于BOCR—FAHP—MTOPSIS的供应商合作伙伴组合评价方法，避免了单一评价方法的缺陷，并力求评价方法简单实用。并构建了工业化建筑预制件供应商合作伙伴评价指标体系，通过文献调研和专家咨询并依据BOCR的分类规则将评价指标分为利益、机会、成本和风险共四部分，每一个标准中细分为若干个子指标，共16个子指标。同时考虑了积极因素（利润和机会）和消极因素（成本和风险）。三角模糊数的专家打分方法使得专家的评价更客观和更多地考虑了不确定性。并采用BOCR五种评价值综合技术方法和TOPSIS方法等六种方法来优选出合适的合作伙伴，使得评价结果更加符合实际，消除了单一评价方法可能产生的评价结果偏差。并对结果进行敏感性分析以排除小概率事件对结果的影响。

3. 工业化建筑供应链合作绩效影响因素分析

构建合作绩效的评价指标体系根据评价指标选取要求的六方面内容，建立包含合作的财务绩效、合作的项目绩效、供应链流程合作能力、合作方的信息处理能力、合作关系的整合能力、合作发展能力六个方面共24个评价指标。并建立了基于云模型——DEMATEL的工业化建筑供应链合作绩效影响因素评价模型。DEMATEL方法帮助确定评价指标间的因果关系，有效地忽略含糊的和不准确的判断。并对原因因素和结果因素进行了分析和排序。原因因素按由大到小顺序排列前三位依次为：信息获得的及时性、真实性；信息技术使用的深度和广度；信息共享的程度。结果因素按由大到小顺序排列前三位依次为：市场开拓能力；项目工期竣工准时率；合作目标的达成程度。并对各响应因素的中心度由大到小进行了顺序，中心度越大说明该因素对工业化建筑供应链合作绩效的影响效果越明显，是最重要的原因，应据此制定相应的重点措施。

4. 工业化建筑供应链合作的实施路径

通过对工业化建筑供应链合作绩效的影响因素分析，应制定从"硬"——技术支持、"软"——关系支持两个方面进行信息化实施路径分析和关系治理实施路径分析，关系治理和信息技术可以被视为两个原则杠杆，有助于促进合作伙伴之间的共享和协作决策。从技术方面。构建了基于BIM的工业化建筑供应链合作集成信息共享平台，建立了信息技术的集成框架，包括BIM与地理信息系统（GIS）、无线射频识别技术（RFID）的集成。并建立基于BIM平台的供应链合作各方的信息共享保障、激励和约束机制。从关系方面，建立了包含关系规范、组织间信任、关系承诺、机会主义、合作绩效等要素的供应链合作关系治理的概念模型，并建立了不同信任水平下，在关系规范、承诺等影响下向高级状态的协同信任演化过程。

1.5 研究方法和技术路线

1.5.1 研究方法

本书综合运用文献研究法、理论研究法、实证分析法以及模型分析法等多种研究方法对工业化建筑供应链的合作机理问题进行研究。

1. 文献研究法

搜集、鉴别、整理国内外有关工业化建筑供应链合作的文献，并通过对文献的研究，形成对事实科学认识的方法。主要通过研究国内外各种有关文献资料，进行理解和分析，来解读和判断文献中所包含的信息，并对已有文献进行综述，得出研究问题的思路，以便为本书研究内容的理论创新奠定基础，对工业化建筑供应链的合作动因进行分析，找到供应链合作各方的长期演化稳定状态。

2. 理论研究与实证分析法

理论研究是人们将认识的结果进行系统化、理论化的过程。本书以交易成本经济学、联盟博弈、演化博弈、项目治理理论作系统的回顾和评述，在梳理不同理论学说基础上，选取总包商和预制部品供应商两个典型供应链成员进行合作伙伴选择的评价指标体系分析，通过案例验证方法的实用性。从技术路径、关系路径两个方面对工业化建筑供应链合作的运作提供了实施措施，并通过案例分析验证这两个方法的实用性。

3. 模型分析法

模型分析方法可使人们对研究过程和现象的表述更加的简洁、清晰，推理更直观、方便。对供应化建筑供应链合作的动因，应用演化博弈模型构建供应链合作方的演化流程；采用基于 BOCR-FAHP-MTOPSIS 模型进行供应商合作伙伴的组合优选；应用基于云模型——DEMATEL 模型进行工业化建筑供应链合作绩效影响因素评价。

4. 比较分析法

比较分析法是把客观事物加以比较，以达到认识事物的本质和规律并做出正确的评价。在对供应链合作伙伴首先采用 BOCR 中的常用 5 种方法合成评价值并排序，然后采用 TOPSIS 法计算候选人的综合评价值并排序，进而对于 BOCR 和 TOPSIS 两种方法的计算结果进行比较并选择最合适的候选人。并对上述两种方法分别赋予不同的权重值，进行评价结果的敏感性分析。

研究遵循理论与实际相结合、定性与定量相结合、因地制宜的原则。既要注重理论上的系统性和前瞻性，更要注意实践上的针对性和可操作性。本书循着"提出问题—分析问题—解决问题"的研究路线进行研究，其中以阐明选题的意义、目的及主要观点来提出问题，以理论分析与实证分析相结合的方式来分析问题，以提出相应措施与研究展望解决问题。

1.5.2 技术路线

按照"提出问题—分析问题—解决问题"的思路，研究的技术路线如图 1.15 所示。

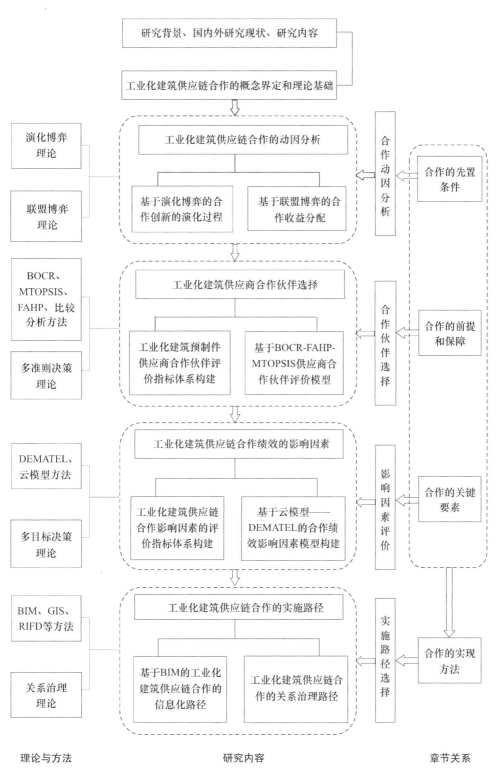

图 1.15 研究的技术路线
图表来源：作者自绘

1.5.3　篇章结构

根据研究内容和框架结构，本书分为 7 章内容，具体安排如下：

第 1 章绪论部分，主要对研究背景、理论和实践意义、国内外关于建筑供应链合作以及工业化供应链合作的研究进展、主要研究内容、研究的技术路线和研究方法等内容进行概述。

第 2 章是概念界定和理论基础部分。首先，分别对工业化建筑、工业化建筑供应链、工业化建筑供应链合作的内涵进行界定，明确研究对象。随之，对工业化建筑供应链合作研究用到的理论基础进行概述，包括交易成本经济学理论、演化博弈理论、多属性决策理论、项目治理理论等。

第 3 章是工业化建筑供应链合作的动因分析。首先，从交易成本经济学的角度分析供应链合作的经济动因，并从联盟博弈的角度分析合作收益的分配。针对工业化建筑供应链中总包商和预制部品供应商之间的合作创新从溢出效应、合作创新收益与成本分配、风险成本、创新补贴等方面研究合作创新的演化博弈机理。

第 4 章是工业化建筑供应链合作伙伴选择。从理论和实践两个角度通过建立综合积极和消极双方面因素的评价指标体系，进而通过多方法（BOCR- FAHP-MTOPSIS）组合和比较的形式建立工业化建筑项目合作伙伴选择模型。

第 5 章是工业化建筑供应链合作绩效影响因素分析。首先通过文献调研和专家访谈，找出针对工业化建筑的供应链合作绩效的关键影响因素，进而通过云模型——DEMATEL 的方法对影响因素进行综合分析和评价，找出原因因素和影响强度，目的是为工业化建筑供应链中各利益相关者之间制定合作决策、合作措施等内容提供重要依据和参考。

第 6 章是工业化建筑供应链合作的实施路径。本章从"硬"——技术支持、"软"——关系支持两个方面对工业化建筑供应链合作的信息化路径和关系治理路径进行分析，建立工业化建筑供应链合作的基本实施措施和框架，并通过选取典型案例来验证路径实施的可行性。

第 7 章是结论与研究展望。

第2章 概念界定和理论基础

2.1 研究对象概念界定

2.1.1 工业化建筑的内涵

尽管工业化建筑的优势被各国众多研究人员调查证实或进行了量化分析，但标准化和预制装配产品和它们的优势对实践者而言知之甚少，导致其应用不普遍。受历史预制建筑抗震性能差、使用性能差等不良印象的影响，人们对工业化建筑的认知往往还等同于以往的预制建筑，对工业化建筑的概念、内涵普遍认识不清。本部分主要的研究方法采用文献调查，梳理出工业化建筑的不同定义以及与相关概念的区别来界定工业化建筑供应链合作的内涵。

1. 工业化建筑的内涵梳理

自工业革命以来，工业的发展与把创新引入制造业紧密相关，建筑工业化可以理解为把创新的制造方法引入建筑相关的活动。Eriksson 的调研结果表明对工业化建设涉及重复使用的生产方法和生产输入，包括三个核心元素：预制；有效、合理的生产；产品、流程和方法标准化和重复性。Linner & Bock 根据经典理论（如大规模生产）以及现代概念（如柔性制造、大规模定制）表明工业化意味着采用最新自动化生产技术、机器人技术、信息和通信技术进行大规模的产品生产，在合理成本下提供高质量的产品。

从某种意义上说，现有的工业化建筑的定义依赖于用户的理解，在各个国家基于不同的目的和动机、社会经济和技术环境等原因目前没有明确的共识，在名称上也有所不同。在马来西亚更多地使用的是工业化建筑系统（IBS-Industrialized Building Systems）。在英国，预装（Pre-assembly）、预制（Pefabrication）、模块化（Modularization）、系统建设（System Building）和工业化建筑（Industrialized Building）都是在过去不同历史发展时期常用的术语。

不同的文献中，工业化建筑的内涵表述也不尽相同，它可能被称为"系统""建

27

筑方法""技术"或"流程"。Richard 认为工业化建筑的产品不是建筑物而是建筑系统，一个建筑系统是在实际建筑计划之前解决详细问题的一组部件和规则，相同部分可为大量建筑重复使用，虽然产生不同的产品，但具有相似的生产过程。Mirsaeedie 认为工业化建筑不仅仅包括预制构件，它是一个宽泛的建筑方法。Leiringer 认为工业化建筑可被称为是一个流程或技术，可被视为是一种技术产品和工艺的创新。Warszawski 定义的"工业化"是一种生产流程，使用设备和技术以提高产量、降低与体力劳动有关的成本，从而提高最终产品的质量。Nadim 认为工业化建设不仅仅是局限于一个特定的产品或过程，它的内容相当广泛，涵盖了一个完整的系统或流程。Richard 把工业化程度按递进发展的顺序从低到高分为了五级：预制（Prefabrication）、机械化（Mechanisation）、自动化（Automation）、智能化（Robotic）和再生产（Reproduction）。表 2.1 中列出了几种较为典型的国外文献中给出的工业化建筑的内涵。

国外文献中工业化建筑的内涵　　　　　　　　　　　　　　　　　表 2.1

文献	工业化建筑的内涵表述
Gibb（1999）	是一个包含预制和预先装配的流程。这个流程包括单元或模块在远离施工地点工厂中设计和制造，在工地上安装以形成永久性工程的一部分。改变了项目流程的定位——从施工、生产到安装
Gibb（2001）	从产品角度解释工业化建筑是房屋组件在工厂环境中生产后被运送到施工地点进行装配
CIDB（2003）	工业建筑系统是一种建筑技术，建筑物组件在一个受控的环境中生产、运输、定位，并组装成建筑结构，仅有小部分的额外工作是在工地现场完成的
Shaari & Ismail（2003）	工业化建筑可以被定义为一个方法或过程。以更少的劳动力、更快的速度完成高质量的建筑物，需要改变传统思维模式，支持人力资本开发，发展更好的合作和信任，促进建造过程产业链的透明度和完整性
Gibb & Pendlebury,（2005）	工业化建筑等价于"非现场"，建筑结构或部件在远离工地处制造和组装，最后在工地安装。非现场生产管理是一种方法，在较短的时间内以更好的质量提供一个有效的产品管理过程来生产更多的产品
Foster & Greeno,（2007）	为了实现一体化设计、材料供应、制造和组装，合理化建设的整个过程（包括设计过程中所使用的建筑形式和建筑方法），使得建筑工作得以更快地实施，且现场使用更少的劳动力，并尽可能以较低的成本来完成
Nadim（2011）	建筑工业化是一个商业策略，为了降低成本、缩短时间、改善最终产品或服务的质量而将传统施工过程转换成生产和装配过程。它的实现需要人们合作，使用流程或产品新技术，将客户的需求通过在整个供应链中新的合同工作关系转化为建筑要求

国内对工业化建筑的内涵范围的界定也存在一定的争论。杨嗣信认为工业化建筑是盖房子像制造汽车一样来组织生产，房屋的各种部配件都在工厂内生产制造然后运至现场安装。陈振基认为工业化不应该等同于构件预制化，使用工厂加工的标准部品，包括门窗、龙骨、板面、钢筋骨架和钢筋网等即使尚未组成为构件，也应归为工业化制品。林明认为建筑工业化主要体现在五个方面：一是建筑设计标准化，二是部品生产工厂化，三是现场施工装配化，四是结构装修一体化，五是过程管理信息化。沈祖炎，李元齐认为新型建筑工业化建造可用"9个化"来衡量：建筑设计个性化、结构设计体系化、部品尺寸模数化、结构构件标准化、加工制作自动化、配套部品商品化、现场安装装配化、建造运维信息化、拆除废件资源化。在2015年8月27日由住房和城乡建设部、国家质监总局联合发布了自2016年1月1日实施的国标——《工业化建筑评价标准》GB/T 51129—2015，该标准中对工业化建筑（Industrialized Building）的定义是：采用以标准化设计、工厂化生产、装配化施工、一体化装修和信息化管理等为主要特征的工业化生产方式建造的建筑。但该标准被2018年2月1日实施的《装配式建筑评价标准》GB/T 51129—2017取代。该标准中对"装配式建筑"的定义是：由预制部品部件在工地装配而成的建筑。

2. 工业化建筑相关概念区分

建筑工业化与建筑产业现代化的区别。建筑工业化，是采用预制装配式生产方式，是施工过程中某个环节的工业化，它侧重于建造过程中的某一个"点"，主要指生产建造方式的变革，从传统的粗放式的建造方式转变为把现场施工改为工厂化生产、现场装配的建造方式。建筑产业现代化侧重于"链"和"系统"，基于产业链上的各参与主体、全过程、各环节的资源整合与优化，表征为社会化大生产、社会化分工与合作，建筑工业化是其重要组成部分。住房和城乡建设部住宅产业化促进中心叶明说，工业化主要针对生产方式的工业化，产业化则注重整个产业链上的资源优化配置；工业化是实现产业化的手段和途径，产业化是目标和方向。

建筑工业化与建筑产业现代化、住宅工业化、住宅产业化的区别如图2.1所示。住宅产业现代化是一个长期性的目标和发展过

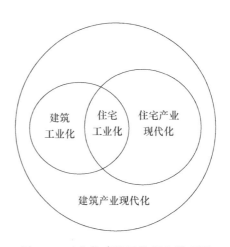

图2.1 工业化建筑相关概念关系图
来源：河北推进住宅产业现代化3家企业已是国家级基地 . http://he.people.com.cn/BIG5/n/2014/0523/c200202-21268236.html.2014-5-23.

29

程，其外延要大于建筑工业化，二者的交集为住宅工业化，即在住宅建设中采用工业化的建造方式。

3. 工业化建筑的内涵界定

通过对上述不同国家和我国的典型工业化建筑概念的梳理以及依据政府出台的《装配式建筑评价标准》GB/T 51129—2017，对工业化建筑的内涵界定归纳为以下方面：

（1）采用工业化建造方式的建筑。工业化建造方式主要指建筑项目设计、构配件制作、构件运输、现场施工装配、室内外装修等环节采用一体化的施工技术与组织管理，充分体现设计、生产、运输、吊装、施工、装修等各主要环节的协同配合。

（2）工业化建筑的基本特征应包括标准化设计、工厂化制作、装配式机械化施工、一体化装修。强调设计和生产、施工的配合协调，能形成满足不同规模建筑、使用目的和环境的建筑构配件的批量化生产，通过集成相关功能组成一个预制构件或部品如"三明治"夹芯外墙板、整体卫浴、整体厨房等来实现的高度机械化施工和装修的一体化。

（3）工业化建筑需要建筑供应链中各利益相关者的紧密合作和信息化管理。工业化建造的全流程中，需要项目各参与方密切合作并共享信息，实现从设计、生产、运输、施工、运营等全过程环节采用信息化管理技术进行各项目利益相关方的协同工作。

（4）工业化建筑是符合可持续发展的建筑。工业化的建筑方式通过实现建筑产品生产施工过程"四节一环保"来最大化项目的全生命周期价值。

总结之，工业化建筑的一般内涵是：工业化建筑是采用标准化设计方法，通过工厂大规模生产预制部品并在工厂内部分预先装配完成，运至施工现场进行机械化装配，整个建造流程是通过信息化指导、创新的技术和管理模式以及建筑供应梁中各利益相关者的密切合作来完成的，以此来提供具有高质量的、能够满足大量需求的和符合可持续发展的建筑。

2.1.2　工业化建筑供应链合作的内涵

尽管供应链合作越来越受欢迎的，但一个普遍接受的定义仍然难以准确确定。在过去的几十年里，建筑业一直寻求从其他行业"借"管理方法，包括制造业中常用的供应链管理。目前的研究大多涉及传统建筑供应链，而对工业化建筑供应链的内涵以及工业化建筑供应链合作的内涵缺乏明确的探讨和界定。

1. 工业化建筑供应链的内涵

供应链由关键的业务流程和设施组成，涉及最终用户和提供产品、服务和信息的供应商。Christopher 提供的供应链的定义是"包括组织网络，通过上游和下游的联系，在不同的流程和活动中，根据产品和服务的形式产生价值"。Foster & Greeno 把建筑业供应链定义为：建筑物整个建造过程（包括设计过程、所使用的建筑形式和采用的建造方法）的合理化，为了实现设计、材料供应、制造和组装的一体化，以便建筑工作可被更快地和以更少的劳动力在较低成本下完成。Vrijhoef & Koskela 阐述了建筑供应链的三个鲜明的特征，包括在建筑工地现场施工用的材料、一次性的项目通过重复项目组织的过程、按订单制造的供应链。薛小龙将建筑供应链看作是一种以总承包商为核心，由总承包商、供应商、分包商、业主等多个组织机构组成的网络信息系统。Xiaolong Xue 认为建筑供应链包括所有建筑业务流程，从顾客需求、概念、设计、施工、维护、更新到最终的拆除，并包括建筑流程中的各种组织（包含业主、设计者、总包商、分包商、供应商、咨询人员等）。建筑业供应链和制造业供应链之间的重大差异之一是大多数的制造业组织存在正在进行的流程和建立的业务关系，而建筑业的组织是基于项目建立的临时性的、短期的、一次性的关系。

工业化建筑供应链和传统建筑供应链的差异在于成员组成、运作流程、经营活动等发生了较大变化。二者的组成及供应链成员间的物流、信息流、资金流的关系如图 2.2 和图 2.3 所示。

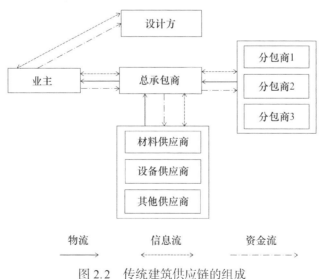

图 2.2　传统建筑供应链的组成

来源：作者自绘

31

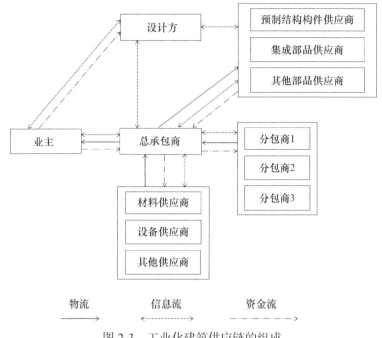

图 2.3 工业化建筑供应链的组成

来源：作者自绘

工业化建筑供应链成员需要包括预制部品的生产供应商。对在工厂或现场预先制作的结构构件称之为"预制构件"（Prefabricated Component），对由多个建筑构件或产品组合而成的通过工业化生产、现场安装的具有建筑使用功能的建筑产品称之为"建筑部品"（Construction Component），采用预制部品并进行技术集成在现场分部或整体装配的厨房、卫生间分别称之为"集成式厨房"（Integrated Kitchen）、"集成式卫生间"（Integrated Toilet）。这些都是相较之于传统建筑供应链的不同之处，在本书的研究中，生产供应这几类产品的企业统一简称为供应链中的"预制部品生产供应商"。工业化建筑供应链的组成应是一个包括多重组织和多重关系的复杂网络，包括业主、设计方、预制部品生产供应商、总承包商、分包商、材料设备供应商等之间的信息流、材料流、服务流和资金流等。

相对于制造业连续生产背景的供应链，工业化建筑供应链具有独特的特点：不连续的需求；各项目在技术和财务方面的独特性；不确定的需求和生产条件；存在大量的多专业相互依存的供应商和他们的活动带来的每个项目的复杂性。业主方往往依赖于竞争性招标，以尽可能低的成本执行每一个新的项目，这直接造成了供应链的脱节。工业化建筑供应链的运作流程和经营活动也从更多地现场施工转为更多地工厂化生产和现场装配，其核心活动表现为预制部品规模化，工厂化、批量化的生产，工地现场装配式机械化的施工等。

本书将工业化建筑供应链的内涵界定为：以工业化建筑的市场需求为导向，以设计标准化、部品生产工厂化、施工装配机械化、结构装修一体化、建设管理信息化为主要建造方式，涵盖建设项目的设计、生产、施工、交付等全过程，以工程总承包企业为核心企业，通过物质流、资金流、信息流、服务流将业主、设计方、工程分包商、预制部品生产供应商、材料设备供应商等联合在一起的功能性网链系统。

2. 工业化建筑供应链合作的涵义

"合作"被描述为"迄今为止对于改进项目绩效而言最重要的进步"，它代表了对建筑业中传统敌对关系的根本性转变。美国建筑业协会（CII）把合作定义为："它是由两个或多个组织之间为了实现特定目标，通过最大化每个参与者资源的效用而建立的长期承诺。实现合作需要改变传统的双方关系、共享组织文化、共享信息资源、不考虑组织边界、基于信任的关系并致力于共同的目标。预期的合作收益包括提高工作效率和成本效益、增加创新机会并能持续地改进产品质量和服务。"Lu & Yan 定义合作为"一个基于共同目标和使用特定工具和技术的结构化流程"。

根据文献查找和 Manoj Hudnurkar 的归纳研究，表2.2总结了不同的供应链合作的定义。

供应链合作的涵义　　　　　　　　　　　　　　　　表2.2

文献	定　　义
Simatupang et al.（2004）	供应链合作是供应链合作伙伴通过低成本和高利润的整合来服务客户作为最终目标的一种合作策略
Samaddar & Kadiyala（2006）	协作关系作为一个组织发起并实施知识创造努力的一种合作关系，一个合作组织分享新创造知识的成本和利益，包括通过专利和许可证的联合拥有权
Kampstra et al.（2006）	经济上的独立实体，在供应链中相互依赖来确保链中各实体进行成功的交互以提供必要的合作成果输出
Xiaolong Xue（2007）	通过主要建筑业务流程的集成，强调以系统的观点建立利益相关者之间长期、双赢、合作的关系，它最终的目标是改进施工绩效和降低成本来增加客户价值
Fawcett et al.（2008）	能够跨组织边界建立和管理独特的增值过程，以更好地满足客户的需求
Simatupang & Sridharan（2008）	独立的但相关公司之间的合作来共享资源和能力，以满足客户的独特或动态变化的需求。通过供应链合作创造的价值是基于它如何能够帮助企业更有效地匹配供应和需求来提高整体供应链绩效

33

续表

文献	定　义
Bygballe et al.（2010）	在供应链中如在项目管理者和承包商之间等通过建立密切的关系、整合各自活动的上游和下游的企业来提高项目绩效
Miia Martinsuoa（2010）	在项目运作期间，项目的承包商和供应商之间的协作和控制
Cao & Zhang（2011）	合作过程中，两个或两个以上的独立公司密切合作，计划并运作供应链朝着共同的目标和共同利益的方向运营
Huo（2012）	核心企业与他的供应链伙伴进行战略合作和协作来管理组织内和组织间的流程
Shu-Hsien Liao（2014）	供应链合作是一个集体的过程，取决于众多的相互作用和组织与它面临的外部环境之间的关系，包括供应商、客户、咨询机构和政府机构等，供应链合作产生了供应链创新价值的形成
Faridah Muhamad Halil（2016）	建筑供应链合作指的是由不同的过程和活动产生的材料、组件和服务组织起来的网络，它们集成了生产、采购和交付的整个建筑流程中的活动
姜阵剑（2007）	供应链合作是为一种新的管理模式，合作是从整个供应链的角度出发对所有节点企业的资源进行集成和协调，强调战略伙伴协同、信息资源集成、快速市场响应以及为用户创造价值，通过集体行动来达到共同目标
刘跃武（2011）	成功构建建筑供应链合作的 3 个基本条件为：一定的信息集成、交流及共享作为支撑；高度的相互信任及其相互协调作为前提；良好的企业间合作关系作为基础
单英华（2015）	住宅产业链整合："在一定的区域住宅市场内，以产业链上的核心企业为主导，根据产业链内生逻辑，链上企业间通过竞争与协作，在技术创新与资本驱动下实现链上资源优化配置的过程"

英国的调查报告显示，供应链合作在建筑业中的应用不仅是可能的，而且建筑供应链合作所倡导的合作信任是建筑市场进一步完善和持续发展的根本。项目承包商越来越专注于其核心业务来服务他们的客户，并可能将其他活动外包给外部供应商。另外，工业化不完全是指关于开发新预制组件和装配方法，还要更加关注与多个供应商的长期战略合作过程中的价值增加。由于合作使得供应链的规模变大了，供应链能够扩展到包括上游、中游、下游的合作伙伴，他们通过分享信息和风险、同步业务运作、提高客户服务满意度来创建完善的供应链。供应链合作是所有供应链合作伙伴为实现共同目标的积极参与。建筑供应链合作是一种提高建筑业生产流程的效率和质量的方法。它的主要目标是通过建立供应链上下游参与者之间的紧密关系并通过整合他们各自的活动和系统来改善项目绩效，而系统性、顾客定位、双赢和合作管理是供应链合作的核心理念。

　结合工业化建筑的特点，对工业化建筑供应链合作的内涵界定可从以下几个方面考虑：

（1）工业化建筑供应链合作的本质是为了降低交易成本、运营成本、进行风险转移、规避参与方的机会主义行为，根据企业自身资源及能力状况通过与其他企业的合作来需求最佳的资源帕累托改进。

（2）工业化建筑供应链合作的主体是以总承包商为核心企业，并整合上游、下游的产业公司，包括设计方、分包商、预制部品生产供应商、材料设备供应商等共同组成，并以设计、生产、施工作为供应链的关键流程组成。

（3）工业化建筑供应链合作的目的是共享资源、共担风险、提升建造过程的效率、改善建筑产品质量和服务、最大限度地共享信息、改善建筑市场主体关系、快速地响应市场、提高项目绩效和业主满意度以及与合作方的长期战略合作过程中的价值增加。

（4）工业化建筑供应链合作的手段是利用和集成供应链上下游参与者的资源、活动、信息、关系来整合合作企业的知识、技术等进行资源的重新优化配置。

归纳之，本书将工业化建筑供应链合作的内涵界定为：在工业化建造的全部流程和不同阶段活动产生的材料、组件、服务等组成的整个建造网络中，以总承包商作为供应链核心企业为主导，充分利用信息、技术等手段整合设计方、预制部品生产供应商、分包商、材料设备供应商等供应链各利益相关者的资源、能力并在供应链企业间努力建立基于信任的长期合作伙伴关系，最大限度地优化资源配置来实现减少交易成本、共享合作收益、提升项目整体价值等企业的共同目标。

2.2 工业化建筑推行的影响因素分析

2.2.1 工业化建筑推进的障碍因素分析

Goodier & Gibb 的调研分析结论为相对于传统建筑的建造方式，利益相关者强烈认为使用非现场施工建造方式成本更高是首要障碍，因为人们的选择往往是基于初始成本而非整个建筑物的价值。其次，重大的障碍是较长的前期准备时间，因为对承包商来讲，使用非现场施工技术会推迟项目的开始时间。另外，还有供应链集成和设计灵活性需要重点关注。Rahman 通过问卷调查分析中国和英国在应用现代施工方法（MMC）时排在前五名的障碍因素分别是：设计变更在后期的不灵活性；初始成本较高；潜在的总成本更高；不适合小型项目；昂贵的长途运输。在中国更

35

关键的障碍因素还包括缺乏经验和技能以及制造商不愿创新。

在英国，对于非现场建造中的优势、壁垒的文献研究、案例分析、实证调研数据方面研究较为丰富，目的是对非现场建造的应用产生推动力，但是其在实践中的应用仍然非常有限。排名前 100 位的房地产开发商中很少有公司采用，不愿采用的原因是业主和承包商难以确定其应用的优势。

在马来西亚，工业化建筑系统（Industrialized Building Systems，IBS）被称之为是一种建筑技术，建筑物组件在一个受控的环境（或场外）中生产、运输、定位，并组装成建筑结构部件，仅有小部分的额外工作是在工地现场完成的。Lou & Kamar 认为 IBS 从产品和流程方面对建筑业进行了根本性的结构上的改变，推广 IBS 最主要的障碍不是技术问题，而更多的是需要组织软因素和策略来支撑组织的能力成功实施 IBS，在项目的早期阶段，承包公司和供应商、分包商共同合作，对保证建筑组件和服务有效、及时地交付至关重要。另外参与者们未能充分处理 IBS 项目中的风险。

房地产行业面临着购房者对房屋个性化和独特风格、单独配置的需求。2007年，在美国大约 11% 的新建独栋房屋是工业化住宅，从美国住宅工业化发展历史来看，工业化房屋销售落后于传统建造住房。原因包括消费者对工业化建造房屋的感知度，相对于传统建造房屋的价格比较以及定制化的缺乏。Nahmensand & Bindroo 研究了定制化与效率的均衡矛盾，产品标准化与效率相关而定制化与低效率和高成本相关。建设项目个性化需求与大批量生产之间必然存在着相应的矛盾，这些矛盾也使得建筑工业化的发展受到制约。

Blismas & Wakefield 的研究表明技能短缺和缺乏足够的工业化建造的知识被认为是在澳大利亚应用时面临的最大问题，非现场建设的推广应用不仅仅是了解其施工过程和相应的成本，更大的挑战在于如何把建筑业转化为现代、高效的产业。另外低水平的信息技术集成也使得工业化建造的应用不经济。

王蕴总结了万科工业化推进中面临的问题包括：一是使用工业化技术比传统施工方式的建造成本增加；二是总包与构件厂资源缺乏，地域分配不均，造成供应能力不足；三是因预制特点带来了对资金流的影响，原因是预制构件使得开发商的付款提前引起的刚性支出。另外，虽然从工程开工到交付的整体工期缩短了，但主体结构工期无明显提升，影响了预售时间，造成整体回款较慢。

孙剑认为工业化的主要技术问题不是技术本身，而是技术标准。包括建筑设计、构件运输、装配施工、竣工验收和质量评价等方面，需要建立建筑工业化较为完整的技术体系。

通过国内外公开发表的对建筑工业化障碍因素的研究论文进行分析，初步确定出 28 个可能的影响因素，如表 2.3 所示。这些信息多数来自于研究者的实证调研得出的结论，具有一定的可靠性。

2.2.2 工业化建筑推进的驱动因素分析

各国研究人员一直在努力确定并讨论推进建筑业工业化的主要驱动力。Mohammed 研究发现使用工业化建造方式的好处包括：最大化质量控制、更有效的资源利用率、减少废物排放、改善健康和安全性能、更紧密的集成供应链以及更大的规模经济等。Gibb & Isack 研究发现建筑工业化的主要优势在于改善质量和减少时间、成本和现场施工的复杂性，更少人员的参与使得现场活动变得更加简单。英国麦当劳餐厅曾采用空间组件的施工方法，把施工时间从 115 天减少到只有 15 天。Blismas&Wakefield 报告了在澳大利亚类似结果的定性调查，他们还发现了一个额外的驱动，即熟练工人越来越短缺，工业化大生产的建造方式可以大幅度提高劳动生产率，节约工人现场的施工时间。Chiang 研究中国香港预制建筑的结果表明，预制作为一种制造方法被推广不是为了降低建设成本，而是为了提高质量和效率，减少湿作业以及建筑垃圾。Tam et al 研究了中国香港公共住房"和谐"设计的三个备选方案，结果表明预制方案是最贵的，但却是更好的选择，因为它提供了最短的施工周期。

在英国，环境可持续性被认为是建筑工业化的主要推动力，好的工业化解决方案应使用新颖的材料和设计来生产高性能产品。职业健康和安全被视为是建筑工业化的"软"驱动，通过减少现场施工时间、低危险性暴露、减少现场作业和现场人员来降低现场风险。

通过广泛的文献调研，梳理出影响建筑工业化推进的 17 个驱动因素，共分为六大类：可持续性、现场管理流程和生产率、工期、质量、成本、安全文明施工。驱动因素清单如表 2.4 所示。

工业化建筑推行的

因素	参考文献详细内容	Jaillon	Rahman	Sadafi	张浩	Goodier	Blismas	Blismas	Zhai	Blismas	Eriksson
成本问题	1. 总成本高					√		√			
	2. 初始成本高		√	√		√			√		√
	3. 缺乏成本比较							√			
	4. 运输成本高	√	√					√	√		
	5. 不确定成本风险高			√							
设计问题	6. 设计能力不足			√	√			√			
	7. 后期变更难			√		√		√			
	8. 设计标准不完善										
	9. 产品灵活性不足			√							√
建造流程	10. 准备时间长					√			√		
	11. 缺乏完整供应链					√		√	√		
	12. 供应商能力不足							√			
	13. 各方未尽早参与设计			√		√					
现场生产	14. 缺乏技能工人	√		√	√					√	
	15. 机械设备能力不足			√							
	16. 承包商经验不足							√			
	17. 现场存储空间不足										
认知方面	18. 对其认可度低							√			
	19. 创新意识不强								√		
	20. 对市场缺乏信心					√					
	21. 缺乏技能培训										
	22. 工业化知识缺乏						√		√		
	23. 后期维护复杂								√		
政府	24. 政府激励措施缺乏							√	√		
	25 监管体系未建立				√				√		
技术等	26. 未建立成熟技术体系										
	27. 缺乏性能评估方法									√	
	28. 不适合小型项目		√								

障碍因素清单　　　　　　　　　　　　　　　　　　　　　　　表 2.3

Gibb	Zhang	Nadim	Pan	Lou	王蕴	Chiang	Larsson	Courtney	Girmscheid	Jaillon	Jensen	Jaillon	Goodier
√			√										
	√			√		√							
							√						
	√												
	√	√		√									
√				√			√	√					
	√						√						
							√			√			
	√										√		
	√			√			√					√	
√				√									
	√										√		
								√					√
							√						
				√									
				√									
					√								
						√							
					√								

40

表 2.4

工业化建筑推进的驱动因素清单

因素	文献来源详细内容	Jaillon	Blismas	Blismas	Gibb	Zhang	Pan Lou	Chiang	Badir	Girmscheid	Goodier	Mohammed	Tam	Gibb	Shaari	纪颖波	wong	Alinaitwe
质量	1. 工厂组件质量容易控制	√			√						√	√				√		
	2. 提升建筑物整体质量		√		√	√	√			√	√							√
	3. 简化现场施工流程		√		√				√				√	√		√		
现场生产率	4. 现场管理，施工人员少，协调少		√															
	5. 提高现场施工精度	√											√					
	6. 提高劳动生产率	√				√	√		√						√			
	7. 现场受天气影响程度小							√									√	
工期	8. 现场施工工期短	√		√	√	√					√						√	√
	9. 确保施工时间的确定性					√							√					
成本	10. 规模生产成本低	√		√	√						√			√				
	11. 运营成本低，易于维护						√											
可持续性	12. 减少工地施工浪费	√				√									√			
	13. 降低施工扬尘、噪声					√												
	14. 节能，环保促进资源节约					√												
	15. 减少了建筑垃圾	√		√	√	√	√					√						
安全	16. 减少湿作业，提升安全			√			√											√
	17. 降低安全健康的不利风险	√	√	√			√					√						

2.2.3　工业化建筑推行的影响因素框架模型分析

　　根据上述障碍和驱动因素文献调研分析的内容，这里试图建立建筑工业化推进的框架模型。Wysocki 建立了"人、流程和技术"三者互动模型，强调了在三者之间平衡的重要性，Nadim 在此基础上加入了"产品"和"市场"两个因素，产品的问题会影响流程、技术和人，反之亦然，此外还有市场中的风险因素会涉及市场特点和工业化系统的可用性问题。在中国，政府在建筑工业化推广的进程中扮演着重要的不可替代的角色。政府的相关法规标准、强制性政策文件、激励监管措施等还是目前建筑工业化推进的不可或缺的重要"推手"。所以这里形成了"人（People）、技术（Technology）、流程（Process）、产品（Product）、市场（Market）、政府（Government）"的六因素相互影响模型，具体如图 2.4 所示。

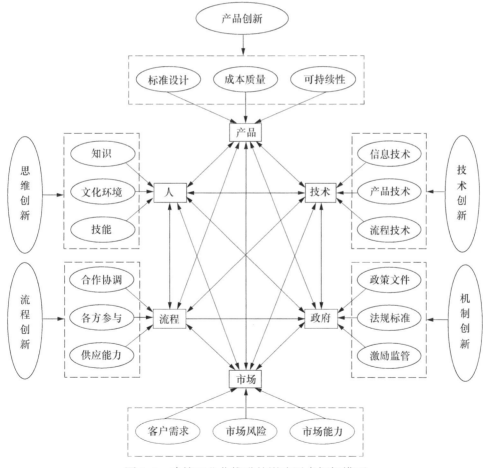

图 2.4　建筑工业化推进的影响因素框架模型

来源：作者自绘

41

1. "人"的因素

建设项目的各参与方需要具备工业化建造的知识、技能和形成相应的文化。Lou 认为"人"可以被视为工业化进程的核心驱动，他们必须理解组织流程，能使用技术来获得技能和提升自己适应变化的能力。在对丰田汽车和房地产建造方式二十多年的研究后，Liker 得出的结论是工业化涉及的不仅是实现产品和流程的创新，还包括文化和态度的变化。Kadefors 也发现，由于复杂项目需要组织协调和沟通，建筑业必须进行强有力的制度化，同时说明了在单个项目中的创新很少能带来长期的变化。制度在这里指的是文化规则，作为人们行为和思考方式的基础。

工业化建造的知识输入在整个建设项目过程中是必需的。充分的知识和技能通常是建筑工业化实现的强大驱动力，其应用涉及相当多的协调、生产过程中的调整、组件的接口方面等，因此很大程度上需要各参与方之间的集成。

不应把工业化建造方式视为对传统方法的一种威胁，而应把两种方法紧密合作，促进建筑的最佳实践，这对于建筑业发展的持续成功是必不可少的。非现场生产方式改变了人们传统的工作方式，它的推进需要根本上的结构性改变，需要人们对工业化建造原则、方式、内容、流程、技术等的透彻理解。需要提供"足够的"和"相关"的培训和教育，使"人"能够接受新的工作方法和思考方式。

2. 技术因素

产品技术包括研发新型工业化建筑的组件部品、新的建造及施工技术、工业化生产理论在建筑产品中的应用和创新。"二战"后，为快速适应市场需求的频繁变化和提高其生产力，丰田汽车公司的革命性创新是把传统的"推动生产（Push Production）"扩展到"拉动生产（Pull Production）"的方式。拉动生产中，流水线只提供产品，要求避免库存和生产过剩。通过开发一个完整的被称为"看板（Kanban）"的信息系统来支持新的信息和物质流。看板信息链是从一个特定的产品与特定配置的客户需求开始的，因此，工厂的产量是通过客户"拉动"的，而不是通过以前的工厂管理和存储能力"推动"的。

流程技术包括企业建立高效的供应链流程的方式和方法。由于人力、材料、设备在一个项目中必须保持协调，工业化的建设流程需要项目中合作伙伴间更高层次的集成，这种协调涉及频繁的信息交流。

信息技术被视为是建筑工业化实施的支持工具，把建筑规划、设计、施工、供应集成到一个信息系统中是至关重要的。建筑信息模型（BIM）的进一步发展将显著改变传统的规划过程，大幅度提高了大规模定制的生产效率和施工效率。

3. 流程因素

供应链不能孤立地提高个体的效率而是直接依赖于合作、协调和协作三个层面的高效集成。集成的概念必须应用于组织内或组织间的工业化建造的所有阶段，而不是简单地基于分段协作的工作关系。成功的供应链管理策略被认为可显著提高顾客价值，同时降低业务成本。供应链管理的应用通常是与建设合作、战略联盟、施工框架协议等最佳实践活动相关联。尽管供应链管理的优势明显，但对于在建筑业中的应用和性能表现依然是落后于其他行业，尤其是制造业。市场、混合还是科层的组织类型为供应链管理的"从理论到实践"的应用提供了一个强劲的理论基础。

关键利益相关者之间的合作是建筑工业化推进必须重视的一个主要问题，传统建筑方法限制了承包商和制造商参与项目的设计，往往导致更多的后期设计变更和增加相应的成本。采用设计、制造、施工过程、材料和透明的信息资源的集成将为供应链中的所有利益相关者带来显著的好处。

4. 产品因素

产品工业化关注产品如何采用机械化、大规模、标准化、自动化生产。相对于传统建筑，工业化建筑需要证明其在质量、成本、工期、可持续性、灵活性方面的优势，需要降低成本估算的不确定性，需要明确建造不同阶段的成本内容，需要计算制造成本、运输成本、装配成本、维护成本进而计算其全生命周期成本，建筑物的评估应是基于"整体和价值"而不是基于"单纯成本"的角度来进行。

另外，采用预制构件也并非一定是昂贵的解决方案。从长远看，当大规模重复生产量达到能够摊销建立工厂的固定成本时，它的成本即可降低。虽然可能一开始昂贵，但增加的数量一旦达到收支平衡点就可以产生利润，即工业化是基于数量的。

建筑的个性化也是其进程缓慢的重要障碍之一。在日本的住房建设的一项研究中，Gann发现，平衡标准化和灵活性被认为是成功的关键，优化平衡的方法之一是通过模块化，把产品分解成具有特定接口的模块，每一个模块能够实现最终产品的某种特定功能，发展模块间标准化接口也是必要的，以确保模块的互换性。

5. 市场因素

市场对工业化建筑的需求直接影响开发商开发的积极性。与传统建筑相比，因为存在未知的信息、技术和金融风险，开发商面临着前期投资建厂、建筑流程再造、购买者对工业化建筑认可度的风险，试点项目的高成本，因供应、技术、工艺

43

等原因延误的工期，对进入建筑工业化的市场没有充分的信心，如果没有强制性的政府条文规定必须采用，开发商一般不会主动开发工业化建筑。制造商们也经常认为市场大规模生产是不够稳定的，不足以保证能够回收建设新工厂的巨大的投资成本。

建筑工业化不同于其他任何实施的"技术"，因为它不能靠"单一"组织或"单一"供应链来实现。它需要广泛的建筑行业认可度来提供市场的连续性和稳定性，从而实现投资和成本更加有效。市场可能自发演进，在没有政府的干预下也可能运作良好，规章制度可以确保最低标准的质量保障，但他们会增加交易成本。当传统建造方式对环境和可持续发展产生重大的不利影响时，市场的调节作用可能会失灵，基于市场的政府激励措施是用来解决此问题的有效率和有效果的工具。

6. 政府因素

建筑工业化的推广需要从政府层面获得更多的拉动和推动的激励政策，努力重点应放在工业化建筑的建造方和供应方的发展能力上。从各国发展历程不难看出，政府政策推动是建筑工业化发展初期的必经阶段。遵循工业化发展规律，加以政策引导解决，以制定出台长期政策为主，辅以短期的积极政策。中国香港房屋委员会每年为约 30000 个预制公共投资的房屋单元提供补贴，该政策开始于 20 世纪 80 年代中期。新加坡政府强制要求建筑物的建造符合"易建性（buildability）"的规定，新加坡也是第一个为量化"易建性"制定规则的国家。

政府应在土地出让规划条件中应明确建筑工业化的要求，对工业化部品部件的供应企业给予税收、财政优惠政策，对开发工业化建筑的房地产开发商在规划、审批、开发环节给予政策优惠的支持。

上述的六个因素之间并不是相互排斥的，他们之间存在着直接或间接的相互影响。建筑工业化的核心推动是围绕每个因素的创新，包括思维创新、产品创新、技术创新、机制创新、流程创新。殷瑞钰院士说，实现新型工业化的过程是一个不断进行工程创新的过程，工程创新是一系列技术进步及其集成性创新的体现，工程创新直接决定着国家、地区的发展速度和进程。快速发展必须是立足在"集群性"的工程创新上，而不能停留在单一技术的突破或是个别理论问题的解决上。日本住宅产业建造了大规模的和高度自动化的预制建筑被认为是一个长期的学习和研发的结果，先进的预制行业是由随着时间推移持续增加的革命性创新和独特的社会经济和社会文化环境共同组成的。

2.3 工业化建筑供应链合作的理论基础

2.3.1 交易成本理论

1. 交易成本理论（Transaction Cost Theory，TCT）概述

商品或服务通过一个技术分离的界面转移时，交易产生了。Williamson 把"交易"或"交换单元"的概念作为理论的焦点，他提出治理结构存在于各种不同的外生条件下的组织之间，他认为市场和科层的治理结构是基于关系间不同机会主义的水平而存在的，治理机制或交易模式的选择取决于关系的效率。交易成本经济学的方法提供了一个有用的框架来分析项目合作的不同成员间不可避免的差异性。Winch 的主要观点是除了生产成本，联盟成员间还存在着交易成本。交易成本不同于生产成本，生产成本是将输入转化为输出的成本，而交易成本产生于经济交换的过程中。Williamson 把交易成本定义为事前和事后成本的组合，包括起草的成本、谈判和协议执行以及治理和安全承诺成本。Joskow 增加了获取和处理信息的成本、法律成本、组织成本、效率低下的定价和与生产有关的行为成本等。事前交易成本一般包括信息收集成本、谈判成本、合同检验成本等，事后交易成本包括交易行为不适应成本、运作成本、管理成本、纠纷解决成本等。交易成本通常可以表示为：交易成本 = 协调成本 + 交易风险。协调成本是交换信息以及将这些信息整合到决策过程的成本；交易风险是在交易过程中交易方可能会逃避他们的约定责任的风险，而信息不对称会增加这种风险发生的不对称，交易风险可能还包括一方的资产专用性投资，当供应商一旦投资完成，制造商可能会利用供应商的沉没投资来要求价格下降或其他让步。

交易成本理论把交易作为分析的基本单元。造成各交易存在成本差异的关键是交易的频率、不确定性和资产专用性。治理模式都是由交易属性所决定，交易与治理结构的对应方式各不相同，但都主要是以交易成本最小化为目标。交易成本存在的基本因素包括机会主义、有限理性和资产专用性，交易成本理论的两个关键假设为有限理性和机会主义。有限理性是 Herbert Simon 在 1957 年首次提出的，是指个体在神经生理上和语言上的限制。在组织环境中，决策者想采取合理的行为，但他们在准确接收、存储、检索和交流信息方面的能力是有限的，这在很大程度上限制了理性行为，有限理性是在不确定环境下产生的问题，在不确定性的条件下，有限理性双方对正在进行的谈判可能需要承担相当大的交易成本。机会主义是指在交换

45

关系中人类行为通常仅考虑自身利益。机会主义的存在会引起交易成本在监控行为、维护资产和确保对方没有参与机会主义行为。而有限理性和机会主义会产生交易成本。

交易成本理论的关键要素还包括资产专用性、不确定性、治理机制或结构。专用性投资所带来的不确定性产生的风险很大，使得交易成本更高。不确定性是指在交易过程中存在不可预见的变化，包括环境不确定性和行为不确定性，前者表现为在环境、技术、需要数量等的不可预测性，后者包括绩效评估和信息不对称问题。交易成本理论中常用的三种结构形式分为市场、科层和混合。一般来说，较低的交易成本促成市场结构模式，而更高的交易成本促成科层结构模式。最有效的治理机制（市场或科层）需要被选择用来进行组织经济活动。在《企业的性质》一文中，科斯认为价格机制并不能解决生产中的所有问题，企业产生和存在的目的功能之一应是企业的合作功能。

2. 基于交易成本理论的工业化建筑供应链合作的动因

Hughes et al. 根据建设项目阶段对交易成本进行了分类，即投标前阶段（市场调查、形成联盟、建立声誉）、投标阶段（评估、投标和谈判）和投标后阶段（监控绩效、执行合同义务和争端解决）等各阶段的交易成本。一些学者研究了在建设项目中关于争议解决的交易成本。如 Li et al. 把交易成本划分为事前合同和事后合同交易成本，纠纷解决的成本是一种事后合同的交易成本。Yates 指出，在建筑行业的矛盾和纠纷会产生大量的成本，包括直接成本（律师费、顾问费、管理时间成本和延误项目完成时间成本）和间接成本（参与者和团队之间的信任关系缺失、工作关系恶化）。Whittington 通过对六个 DBB（Design-Bid-Build）项目交付系统案例研究发现事前合同交易成本的费用占合同总值的 0.4%～8.8%（平均 2.6%）。Dudkin andVälilä 根据从欧洲投资银行实施的 PPP 项目中收集的数据发现事前合同交易成本的费用在基础设施项目中平均占到合同总值的 2%～3%。

工业化建筑供应链合作中可能存在的对交易成本产生影响的因素包括：

（1）工程项目自身不确定性程度高，包括建设项目建造周期长、施工技术复杂、受外界环境的变化影响大，对交易方搜寻的成本较高，如当总承包商需要选择分包商或材料设备、预制部品部件供应商时，在市场上搜寻合适的供应商需要获得供应商的生产能力、技术水平、市场信誉、服务能力等关键信息，并需要起草合同、其中大量项目需要通过招标投标来具体评判并择优选择合适的供应商并进行合同谈判产生的成本。

（2）工程交易主体的有限理性和机会主义行为。合同各方在合同签订前为了规避未来的不确定因素给自己带来不利影响，就必须尽可能地在合同中对各种意外的情况作出详尽无遗的约定，但这几乎是不可能的，即使是可能的，它所花费的成本也是巨大的。另外，在交易过程中合同一方刻意隐瞒或回避对自己不利的信息等，利用信息不对称谋取最大的合同利益。

（3）存在较高的资产专用性。如在招标投标中，建设项目具有一次性的特征，对总承包商来讲，准备投标文件、市场询价、编写施工方案、确定投标报价、分析合同条款等都需要具有很强的针对性和个案性，或者需要针对某些项目单独购买大型机械设备。对预制部品部件的生产供应商而言，为了定制的预制构件而购买的生产设备或研发的生产技术均存在着较高的资产专用性。根据交易成本经济学研究方法论，人和环境因素之间的内部关系应能完美地确定交易的最终性质和治理结构。人为因素包括组织、人际关系、角色、责任、业主和承包商的期望，环境因素包括合同和施工执行的方式。换句话说，交易环境的特点和项目管理的效率对交易成本产生重大影响。

供应链合作的目标是在保证供应的同时以最低的交易成本购买、分配产品和服务。建筑业高度依赖由专业人士、供应商和分包商组成的网络，商品和服务的交换在建设项目中大约占到了75%～90%。交易成本的一个基本假设是企业为了减少交易成本需要作出决策，包括与另一家公司的直接交易成本和作出次优决策的机会成本。根据交易成本理论，由于频繁的需求变化和关于这些变化的重新谈判，环境不确定性将使得交易公司承担更高的交易成本。而合作战略如供应链联盟可以减少这些问题。

供应链合作价值来源于合作模式的效率。交易的合作模式不仅是有效果的更是有效率的。交易成本还主要取决于交易关系的形成成本（合同签订成本）、适应性（协调成本）、资源浪费情况、控制性、激励性和监督成本。供应链合作的模式是介于市场和科层之间的混合模式，在协调成本、控制性和监督成本方面比市场模式更具有效率；在避免资源浪费和激励性方面，比科层模式更具有效率。

供应链合作利于控制各方的机会主义行为。机会主义行为的产生原因是外部环境的不确定性和人的有限理性。需要通过对不确定性进行控制和信息共享等手段来减少机会主义带来的交易成本。通过信任关系建立的交易双方合作能减少复杂多变的市场环境的干扰、减少交易双方信息不对称的影响。另外随着资产专用型程度的提高，双方或一方对另一方的依赖性增大，一方违约给另外一方会带来巨大的交易风险，采用信任的长期的交易频率高的合作能避免机会主义行为的影响和降低资产专用性的交易风险。供应链合作伙伴之间"硬"的合同契约和"软"的信任关系有利于抵制和弥补成员的有限理性，在充分的信息共享和信息对称环境中做出有利于各方的更优决策，减少不必要交易成本的发生。成员之间的信任机制能弥补合同契约规定的不足，也能够减少成员间的道德风险带来的企业成员的战略失误。

另外，资源基础观和资源依赖理论也解释了供应链合作的必要性和可行性。资源基础观（Resource-Based View）的理论包括鼓励企业利用资源的有形和无形资源切合实际地去提供有价值的、稀缺的、独特的和不可替代的产品或服务。供应链合作是资源基础观理论的一个应用，用于鼓励众多的参与者共享他们的知识和经验来提高供应链的绩效。资源共享是许多合作关系的一个重要组成部分，供应链合作伙伴之间共享资源从有形要素如共享仓库、设备和服务等、到无形要素如信息共享和声誉。资源依赖理论（Resource Dependent Theory）的一个基本假设是如果没有合作和其他供应链合作伙伴的支持，供应链不能响应需求。在激烈的市场竞争和长期的可持续发展中，企业对供应链合作伙伴的资源依赖也是不可避免的。

2.3.2　演化博弈理论

1. 演化博弈理论（Evolutionary Game Theory）概述

演化博弈最初来源于生物进化论。演化的内容比静态更复杂，但演化能够解释现实世界中事件变化的趋势。Nash 对"群体行为的解释"被认为是最早包括较为完整的演化博弈论思想的理论成果。Smith & Price 提出了演化博弈中演化稳定策略的基本概念，Taylor & Jonker 提出了演化博弈中另一个重要的基本概念——模仿者动态。

传统博弈理论的一个重要假设是参与人是"完全理性"的。即每个参与者不仅能够选择到使得自身利益最大化的策略和收益，而且对其他参与人的策略选择也十分清楚，参与人具备完美知识，这种假设与复杂的现实环境并不相符。真实世界中的参与人并不能做到具备全面知识和完全理性。而且对于供应链合作过程中各参与方在合作初期会选择初次策略，随着合作的推进，其各方的策略选择并不是静止不变的，而是需要根据环境变化不断做出适当的调整，是一个复杂的动态博弈过程，这也是传统博弈无法解决的。

演化博弈理论从整体系统群体的角度出发，考察个体行为到群体行为的动态变化过程，并考虑了决策者理性的局限，假设参与人是有限理性的，不可能在博弈开始时即找到最优策略，需要通过不断的学习、改进、策略调整的动态过程来接近均衡优化策略。

演化博弈理论广泛用于解决实际问题。郑君君运用演化博弈理论探讨由环境污染引发的群体性事件的博弈过程和利益冲突，并运用优化理论建议监管部门应该从长远角度并综合考虑整体利益来解决环境污染问题。在联盟企业知识转移过程中吴洁考虑到转移主体的风险偏好和非理性因素，应用累积前景理论修正体现知识转移主体偏好的前景价值函数中的某些参数，进而分析知识转移方和接收方的演化稳定策略。罗剑锋针对合作企业间的违约惩罚机制建立了演化博弈模型，考虑了违约金机制在合作、背叛收益之间的动态演化过程。解东川通过构建农户与合作社的演化合作博弈模型分析了农户与合作社在以生产要素为纽带的利益分配中的合作影响方式，讨论了二者之前合作的稳定性。另外他应用演化博弈中的双种群理论，针对合作社与超市之间合作行为协调的演化路径，考虑了农产品的质量投入的外部效应，分析了农产品质量投入的二者博弈关系与行为的演化路径。钟映竑从协同知识管理的角度，分析了在4种不同的收益系数和成本系数比值情况下的低碳供应链的演化博弈过程。彭佑元应用演化博弈理论探讨了资源型产业与非资源型产业二者之间均衡发展的内部机理，结果表明合作创新的概率与二者的收益系数和合作意愿系数正相关，而与合作成本系数负相关。刘徐方基于演化博弈理论，分别对规模相当企业之间和不同规模的企业之间的技术创新行为进行演化博弈分析以得出适当的策略选择，同时还对政府是否对企业的技术创新进行资助进行了演化博弈分析。宋海滨梳理了EPC总承包项目内的知识转移主体的能力和意愿，研究了总包单位和分包单位知识转移行为的影响因素和基于演化博弈模型的知识转移博弈的演化过程，并给出了提高知识转移效果的建议。

2. 应用演化博弈理论分析工业化建筑供应链合作创新的演化路径

很多学者将演化博弈理论应用于供应链的合作或合作创新的策略选择中。张业圳对创新型企业在独立创新和参加联盟创新的选择过程中进行演化博弈分析，策略选择主要受到创新的组织成本、协同度及联盟收益的影响，并建议应完善联盟组织制度、降低运营成本、提高协同度和协同创新能力。韩超群研究了在VMI&TPL（Vendor-managed Inventory & Third-party logistics）供应链中，由于第三方物流的引入影响了供应商和零售商的收益和行为，并影响了双方关于合作或不合作的策略选择，基于长期合作的前提下，对不合作行为设置惩罚机制，会使得双方的合作策略演化为稳定策略。尹贻林运用演化博弈理论分析了公共项目中在业主与承包商短期和长期合作两种状态下业主应对承包商机会主义行为的演化路径，研究表明短期合作难以消除承包商机会主义行为发生的可能，而长期合作和优化监管手段则可以有效杜绝承包商此行为的发生。

在工业化建筑供应链中，以总承包企业为核心，众多建筑部品部件供应商及材料、设备的供应商参与其中，基于建设项目一次性特点，考虑到创新成本、创新收益分配、"搭便车"行为、合作给创新主体带来的溢出效应等因素的影响，供应链成员间的关系可能会从初期的不合作最终趋向于合作的动态演化。基于总包商和分包商的有限理性和各方选择的动态变化，应用演化博弈理论分析其合作创新的演化路径是适当的。

2.3.3 多属性决策理论

1. 多属性决策理论概述（Multiple Attributes Decision Making Methods）

多属性决策是利用已有信息通过一定的方法在相互冲突的、具有多个不同属性的有限个备选方案中进行排序并择优。多属性是指备选方案有多个特征或特性参数需要度量，而准则是用于判断或度量事物价值的原则，或用于评判属性的优劣。多属性决策在项目投资、项目评估、合作伙伴选择、经济效益评价等领域中被广泛应用。

多属性决策方法主要分为两部分：单一方法和组合方法。这两种方法的实用性均很强。单一方法包括层次分析法、熵权法、TOPSIS 法、DEA 方法、灰色关联分析、模糊聚类分析等。更深入的研究还包括考虑决策者的偏好的多属性决策，应用偏好关系来表示决策者对备选方案比较后给出的偏好程度，目前研究人员提出了模糊偏好关系、语言偏好关系、直觉模糊偏好关系、乘性偏好关系等。如时恩早建立了基于直觉模糊偏好关系的方案优选关系排序，并通过云计算对产品的选择过程进行了验证。胡鑫根据不同分布式偏好关系基于同时考虑优于、劣于、不确定和无差异等方案间关系，提出了基于比较可能度的用于未知权重属性的决策方法并用于战略性的新兴产业的评估实例。

两种或以上方法的组合在多属性决策中更为常用。李少年组合了模糊证据推理和改进 TOPSIS 方法用于解决属性准则在度量时的不确定性，采用梯形模糊数对属性评价等级进行相似度量，应用改进的 TOPSIS 方法设置评价准则的置信度距离因子，并应用于电信产品的市场竞争力评估。杜涛组合了 DEA 和 TOPSIS 方法对组织效率的多属性决策进行了研究和实证分析。王艳艳引入 TOPSIS 法对节能建筑方案进行多指标的方案评价，利用熵权方法确定指标的权重，用熵权与 TOPSIS 法的组合从全生命周期的角度进行节能方案选择。张园园应用层次分析法、熵权法和 TOPSIS 法对大坝的坝型进行了方案优选。

2. 应用多属性决策理论进行工业化建筑供应链合作伙伴的选择与评价

Lambe & Spekman 描述合作是一个或多个独立企业用来实现共同目标的策略。合作企业通过贡献自己的核心能力来处理市场需求和适应市场的变化，所以合作伙伴的选择对各方的目标实现尤为重要。日益增长的客户需求也迫使企业从基于价格的供应商合作伙伴选择到基于长期合作优势基础来选择合作伙伴，公司开始重视与供应商的长期关系，而不是单一依据价格选择供应商。Simatupang & Sridharan 提出了合作伙伴的关键内涵，即决策同步、激励调整、信息共享和绩效测量。同步决策是协调各参与公司的规划和执行决策的过程，公司的独立决策往往会导致次优的性能，带来不准确的市场信息并导致额外的不必要的成本。合作伙伴间的信息共享的价值在于它可以帮助供应链合作伙伴做出更好的决策，同样会影响供应链的性能，提高企业之间的协调和他们的进程，从而降低总成本和提高服务水平。而合作绩效度量用于评价合作关系和最终合作成果，通过适当的各方认可的性能指标进行合作性能评价。

工业化建设项目的一次性、单件性、动态性、复杂性等特点，使得参与主体之间的合作变得更为必要。快速变化的市场需求也要求供应链中的核心企业快速集成供应商企业进行资源优化、技术互补等共同合作来完成项目。供应链合作伙伴间的高效合作可以有效降低资源转换的交易成本、获得互补的物质技术资源并同时会缩短技术创新的时间和成本，从而也会增强各合作企业的竞争力和获得超额的合作收益。James 认为合作联盟成功的关键因素之一是选择正确的合作伙伴。Egan 确定了供应链伙伴关系、标准化和工地外生产（Off-Site Production，OSP）能够改善施工流程。针对工业化建筑的供应链成员组成、运作模式均较传统建筑供应链发生了变化，实施合作伙伴的模式尤为重要。而且合作伙伴的选择与评价是建立合作关系的前提条件，合作伙伴选择的合理与否直接影响建设项目目标和绩效的实现程度。

供应链合作伙伴的选择和评价对项目成功至关重要，众多学者对此做了很多研究。内容涵盖不同行业合作伙伴选择的指标评价体系构建和各种评价方法的应用。肖建华研究了供应链条件下制造业寄售库存合作伙伴的评价指标体系，建立了基于 AHP-DEA 的两阶段寄售库存伙伴选择模型。易欣针对以 PPP 模式建造的轨道交通项目中私营合作伙伴的选择问题，通过建立合作伙伴的准入规制、构建合作伙伴优

51

选评价指标体系和优选模型、进行协商谈判等三个阶段的机制进行合作伙伴选择。但目前针对工业化建筑供应链合作伙伴尤其是对预制部品部件供应商的选择与评价的研究还不完善，完全按照传统建造方式下的现行工程招标投标模式来选择供应商并不能完全满足工业化建筑项目的实际需要。而且对工业化建筑供应商选择的指标体系未完全建立，且未形成完善科学合理的评价选择方法。拟采用多属性决策方法从建立评价指标体系到探索组合评价方法的应用来试图进行工业化建筑供应链中总包商对预制部品供应商的评价与选择。

2.3.4 关系治理理论

1. 项目治理（Project Governance）理论概述

建设业是典型的基于项目的行业，因此，建筑领域的制度安排都是围绕项目治理进行的。建设项目是以"合同作为章程的临时性多边组织（Temporary multi-organization）"。项目联合体不是独立的经济实体，联合体内不同企业之间的关系是市场交易关系，而不是科层关系；它们具有共同的短期利益，而长期利益是不同的。契约协议与市场机制的运作联系在一起，这种机制是由经济原理和价格引起的。合同通过明确的、可法律强制执行的合同条款确保关系治理。科层控制主要用于具有强大层级结构的治理关系，通常被称为权威。权力意味着依赖如规则和程序的治理机制，它涉及行使权力的控制和策略，拥有权力的一方利用其权力来控制另一方的活动。

项目治理对于确保成功的项目交付是非常重要的。在项目管理领域颇具影响力的 Turner 借鉴了经济合作与发展组织（Organization for Economic Co-operation and Development）对于治理的定义，认为"项目治理提供了一个框架，通过它设定项目目标，实现目标的途径以及监控项目绩效的手段。项目治理包含一系列项目管理者、发起者、业主和其他利益相关者之间的关系"。Turner 认为项目管理主要关注在项目水平上日常工作的运行控制和执行，而 Jensen 认为项目治理代表一种高层次的结构通过限定流程和结构来控制多重项目和管理策略目标。项目治理是"围绕项目的一系列结构、系统和过程，以确保项目有效地交付使用，彻底达到充分效用和利益实现的制度设计"。项目治理主要原则是在各方利益不同而存在委托代理的情况下，优化项目治理机制、降低交易成本、理顺项目组织关系，最终实现业主与承包商利益"双赢"。项目治理机制是一个系统的分析框架，Winch 建立了包括利益相关者在内的交易治理框架，提出了垂直交易治理和水平交易治理的维度，认为第三方治理是有效的治理方法。

国内对于项目治理研究较深入。丁荣贵从项目管理和项目治理的区别来界定项目管理的内涵，他认为"治理可以理解为'对于管理的管理'。一种有效划分'项目治理'和'项目管理'边界的依据是项目经理的权限。'项目治理'的责任是提供项目管理的目标、资源和制度环境，而'项目管理'的责任则是在这些制度环境内有效运用资源区实现项目目标。"严玲从利益相关者的组成集合的角度认为"治理结构是一种制度框架，在这个框架下项目主要利益相关者通过责、权、利关系的制度安排来决定一个完整的交易，或相关的交易"。并强调"公共项目的治理结构的安排一定要包括外部的市场机制才是完整的"。沙凯逊从建设项目理论重构的角度，清晰地划定了建设项目管理和项目治理的本质界限，他认为"项目管理的基本问题是，如何在给定的治理结构下实现资源的有效配置；项目治理的基本问题是，如何在给定的建筑交易体制下实现 4C［设计方（Conception）、控制方（Control）、施工方（Construction）、客户（Client）］结构中的责、权、利的合理配置与制衡"。

2. 关系治理理论概述

关系治理源于美国 Macneil 提出的关系契约理论。他认为任何关系交换主要依赖于社会成分——信任。关系治理是指"企业间的交流，包括重要的关系专用性资产，结合高水平的组织间的信任"和"体现在组织间关系的结构和流程中"。因此，关系治理是一个组织依据关系机制通过活动和持续努力来管理组织间的活动。关系治理强调社会互动和共同努力，发展和维持长期的双边关系，这种关系主要建立在相互信任和承诺的基础上。关系治理机制（如信任）被视为是一种手段，以加强特定交易的投资通过较少的监控和讨价还价。Claro D. P 认为双方沟通理解水平的提高会增加关系的总体承诺水平。两个合作伙伴之间的信任的存在有助于促进合作规划和解决问题的能力，并有助于创造一个稳定、忠诚的关系。

关系治理意味着交易是依赖社会规范和个人关系来进行监测，它是一种双边治理机制，它在市场渠道中形成对称、稳定和长期的渠道关系，体现在渠道伙伴之间的相互协调和自律。与传统的控制机制相比（权威或合同），关系治理能够降低交易成本和协调组织活动更有效。

Williamson 把机会主义定义为"用诡计来寻求自身利益"。由于不完全或扭曲的信息披露，机会主义表现为企图误导、歪曲、伪装或以其他方式迷惑对方的行为。治理机制用于防范机会主义行为，被公司用于管理组织间交换。公司利用诸如市场合同和授权等正式治理机制，也包括利用基于关系规范和信任的关系治理机制。在管理实践中，这些机制经常被组合应用。机会主义往往和很强的消极内容有关，包括诸如盗窃、欺诈、违约、欺诈、篡改数据、混乱的交易、虚假的威胁和承诺、偷工减料、隐瞒信息、欺骗和虚假表述等。企业间关系本质上是不稳定的，因为成本和效益的关系可能会动态地变化。在合作一开始，对双方而言合作的好处大于成本，然而，随着合作深入，环境变化可能会导致对一方而言成本超过利益，而另一方还可以从关系中获得收益。这种情况可能会诱发一方的机会主义行为。许多研究表明，机会主义对企业的战略联盟绩效、满意度、信任等具有破坏性和毁灭性的影响，机会主义行为可能会对复杂项目中的合作产生不利影响。

关系治理把关系规范作为一种非正式的治理模式。关系规范一般包含社会过程和社会规范，所遵循的规范本质上是一种社会性的规范。关系规范把行为限定在允许范围内，作为对异常行为的一种保护。这种关系治理方法基于交易通常是嵌入社会关系中，因而存在非法律制裁的关系规范，激励买家和供应商在他们的交换关系中进行承诺。把以自我为中心的行为规范为统一的责任和利益。如果双方承诺这样的规范，就会实现互利共赢。因此，许多公司已开始使用这种方法和供应商建立长期关系，并在交换关系中建立关系规范，以帮助管理交换伙伴的行为。学者对基于 Macneil 关系规范的内容归纳为团结、信赖、信息交换、忠诚等。Tuomela 区分了 R-norms（规则规范）和 S-norms（社会规范）。规则规范是基于制定协议而存在，可以是正式的，也可以是非正式的，而社会规范是围绕共同信念的社会或群体的具体约定。Macneil 把重要性关系规范作为长期业务关系的治理机制，他制定了一套全面的共同规范（如灵活性、互惠或团结）作为引导和控制人类行为的治理机制。关系规范为关系提供了一般的参照框架、秩序和标准，有助于促进交流的连续性，保护关系不受机会主义行为的影响。

信任是关系治理的基础。信任是产生承诺并促进项目团队成员之间工作的催化剂。信任可以减少事前和事后的机会主义，并可降低对正式合同的需要。Albertus Laan 等人将信任定义为"一种心理状态，包括基于对他人意图或行为的积极期望而接受脆弱性的意图"。这意味着信任是一种心态，不是一种行为，但它可能会导致信任的行为。这里把信任可以被看作是一种期望，即受托人不会参与机会主义行为，即使在面对机会实现（短期）收益也不会参与。信任是供应链关系治理中的一个关键指标，可以提高建设工程项目的绩效。信任被认为可以降低谈判成本、降低监测成本、提高达成互惠互利的协议的可能性。当买方信任卖方时，买方往往更愿意作出让步，并在谈判中更令人满意。因此，卖家应特别注意有效地传递善意的信号。

信任可分为两部分：计算型信任（信任的理性成分）和善意信任（信任的情感方面）。计算信任先于计算过程：一个组织在一个特定的交易中会计算欺骗成本和／或不欺骗的奖励。当一方传递他已经承诺的内容，能表明该公司具有继续合作关系的能力，或是能够在未来使合作的另一方受益，则另一方可能更愿意继续合作和保持长期的关系。善意信任是指合作各方相信合作创建了一个互有好感的情况且合作伙伴将不会有背叛另一方的不合作的行为。例如对制造企业的善意信任指的是供应商认为制造商会考虑供应商的利益或福利。考虑到在建设项目发展过程中信息交流的固有不对称性，机会主义的做法可能会使得企业获得高额利润。建立信任被认为是抑制机会主义的最有效手段之一。信任是关系结构的要素；没有信任的基础，合作的联盟不能建立和持续。如本田汽车公司与供应商共享工程人才、帮助他们提高质量和成本竞争力，其合作过程改进计划的收益包括提升 30% 的质量合格率和 50%的劳动生产率，这其中是信任驱动着本田公司的商业模式。企业间的合作伙伴关系建立在信任的基础上更容易发展成忠诚和稳定的合作联盟。Cartlidge 描述了供应链合作中建立信任的三个要素：共同的目标、决策和持续改进。

3. 利用关系治理推进工业化建筑供应链参与方的长期合作

复杂的工业化建设项目，往往伴随着大量的不确定性和复杂性技术。供应链成员各方潜在的机会主义行为使得建设项目在时间、成本、功能能方面很难完全按计划进行和自动地实现各方期待的项目结果。关系规范在供应链关系中具有潜在的重要性，因为它们在控制机会主义行为和促进适应性方面能提供和合同治理相似的好处，这些关系机制是指合作伙伴之间关于保持或改善他们关系的适当行为的价值共享。

从实践的角度来看，机会主义可以在任何条件下发生，而企业往往同时采取不同的治理方式进行管理合作伙伴的机会主义行为。供应链管理中无论是关系治理或合同治理，都是为了努力缓和冲突、促进贸易伙伴间的合作。

Macneil 的论点是任何关系交换主要依赖于信任，信任是成功的供应链合作的基本要求。合作伙伴间的相互信任能够促进合作知识的转移，信任能促进个人之间的密集交互，从而使他们能够快速找到关键信息，还可以减少对合作方机会主义行为的恐惧，合作者之间畅通的信息沟通提高了合作者之间信息的透明度。持续的合作关系通常能促进信任，使合作伙伴采用更灵活的合作模式（如联盟），共同创造价值，并可能使得供应商愿意进行交易的专用性资产的投资。Zaheer et al. 论证了信

55

任如何降低谈判成本和提高联盟合作绩效。建立在信任基础上的企业间合作伙伴关系更容易发展成忠诚和稳定的联盟。Morgan & Hunt 发现信任能带来合作行为并减少不确定性。企业选择合作的意愿加强可以归因于迅速变化的技术和激烈竞争的压力，一个公司的竞争优势不再仅仅取决于它的内部能力和资源，还取决于与其他公司的关系类型和关系。

在工业化建筑供应链中，总承包商需要和预制部品部件生产供应商建立基于信任的供应链成员间的合作关系，使得预制件供应商愿意进行产品、技术创新和专用性资产投资，二者的紧密合作对项目的成功实施至关重要。而且关系治理可以和合同治理同时使用，可以相互补充，共同形成供应链合作长期伙伴关系的治理结构。

2.4　小　　结

本章基于研究对象和应用的基础理论进行了分析。首先界定了工业化建筑、工业化建筑供应链以及工业化建筑供应链合作的内涵，明确了研究对象的范围，将工业化建筑供应链合作的内涵界定为整个建筑流程中，整合以总承包商为核心，以预制部品部件供应商为关键合作伙伴的供应链企业的资源、能力来提高项目绩效以及实现企业共同目标。通过厘清概念来确定工业化建筑供应链合作的内涵和研究目标。另外，针对工业化建筑供应链合作的动因、合作创新原理、合作伙伴的选择与评价、建立长期合作关系的路径等方面应用的基础理论分别进行了概述，交易成本经济学理论能够解释供应链合作的初始动因，演化博弈理论能够解释在动态变化环境中供应链合作各方的关系演进和决策选择直至稳定状态。多属性决策理论能够帮助供应链各方进行合作伙伴选择时的指标选择和方案评价。项目治理中的关系治理理论用于解决供应链各方如何建立长期合作关系和达到良好绩效目标。

第3章　工业化建筑供应链合作的动力机制

3.1　工业化建筑供应链合作的动力系统构成

3.1.1　工业化建筑供应链合作的动力要素构成

工业化建筑供应链合作体现为在合作企业间和供应链中人流、物流、资金流、技术流和信息流等的加速流动和优化配置。而产生推进供应链企业间合作的动力要素主要由以下内容组成：

1. 核心动力：利益趋同，减少交易成本

（1）超额收益是工业化建筑供应链合作的最直接的经济动因。供应链合作属于非零和合作博弈，本身具有价值创造的功能，能实现超额收益并在合作企业之间进行分配，能实现各方共赢的局面。工业化建筑供应链的参与主体是分布在建造各个阶段的拥有不同核心技术的企业，通过合作产生超额利益时才会促使企业积极参与合作。对主要承包商而言，把预制部品部件的制造生产工作分配给供应链中的其他企业，便于划分更清晰的责任界限和更好的质量及成本控制，它改变了供应链价值增值的位置，预制组件的生产能比在传统建筑方法中产生更多的增值，并能把增值在供应链中进行分配。由 AMA 的研究表明，合作可以提高所有供应链合作伙伴的利润多达 3%。

（2）减少交易成本是工业化建筑供应链合作的最主要的经济动因。工业化建筑把建筑产品和服务的供给分为设计、采购、制造、配送、安装及服务等环节。参与工业化建筑的企业主要包括全产业链式企业、总承包施工企业、预制部品部件生产企业、钢结构生产企业、各类材料生产企业等，其主要经济活动的形式还主要以市场和企业为主。根据 Williamson 的经济组织理论，可分为市场、混合、科层三种经济组织类型，对应市场、联盟、企业三种具体的组织形式。对目前我国的工业化建筑行业而言，当相关企业独立参与按照市场机制交易时，可称之为市场；当某些相关企业通过合作组成利益团体时，可称之为混合组织（或称联盟）；当某企业的业务范围能涵盖全过程的工业化建造时，可称之为科层组织（或称企业）。工业化建筑产业链所存在的经济组织形式是同时存在市场、战略联盟、企业三种形式。

Williamson 对于不同经济组织间的治理成本与资产专用性关系解释如图 3.1 所示。他假定市场、联盟、企业三种经济组织产生的治理成本分别为 MC、AC、EC。Williamson 启发式的模型中，把内部组织治理成本与市场治理成本之差加上生产成本最小作为准则选择经济组织形式，岳意定对 Williamson 启发式的模型进行了修正，他提出应根据生产成本、外部交易成本、内部管理成本和风险成本之和最小化来选择经济组织模型。

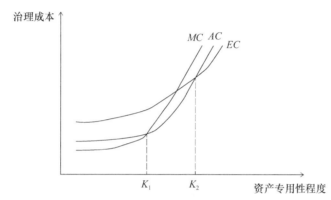

图 3.1　不同经济组织之间治理成本与资产专用性的关系

来源：岳意定，阎军. 新型建筑工业化中供应链战略联盟的经济动因分析［J］. 湖南大学学报，2014，28（5）：45-49

工业化建筑供应链中合作治理模式通过类似外购或外包的方式获取所需资源，其生产成本比企业自己生产的成本要低，但市场治理结构的生产成本要高。

在 Williamson 的启发式模型中，治理成本＝外部交易成＋内部管理费用。治理成本与资产专用性存在着明显的正相关关系。工业化建筑供应链中对预制组件预制部品的生产存在着较强的资产专用性。由于目前工业化预制件的生产商也在逐渐增多，其资产专用性的程度也会削弱，所以联盟结构的资产专用性趋向于图 3.1 中的在 K_1、K_2 之间，在此区间的治理成本相比于市场、企业两种结构是最低的。

在科层的企业治理结构下纵向一体化企业承担全部的风险，不易转移，风险成本较高。在市场治理结构下，因缺乏长期的交易关系带来的信息不对称和机会主义行为带来的风险成本较高。相比之下，合作结构治理模式下，各企业风险共担，且长期的利益关系减弱了机会主义行为和道德风险，从而降低了风险成本。

Williamson 认为资产专用性越强，市场和总需求的规模经济效应越小，表示在资产专用性程度较高时，企业生产成本接近于市场治理结构下的生产成本，同时合作治理结构下的资产专用性较高，故此三种治理结构的生产成本较接近。对比治理成本和风险成本之和，可以初步判断出在工业化建筑供应链推行的现阶段合作结构的总成本最低，合作应是现阶段应选用的治理结构。

2. 产业拉动：产业结构调整，规模经济效益显著，产业生态需求

（1）产业结构调整。产业结构调整是资源合理配置和供应链合作的直接动力。目前国家倡导的工业化建筑体系为预制装配式钢筋混凝土结构体系以及钢结构建筑、木结构建筑等。工业化建造方式中的预制组件在现场安装之前进行工厂机械化生产，范围从小型组件到大尺寸整体模块，工厂能设置更多的控制来完成高质量和大规模的生产。这样最终导致了一种新的完全由预制元素到快速现场组装进行建筑物建造的根本性的改变。产业结构从粗放型的初级产品、全部现场湿作业、大量的手工劳动向工厂化、机械化、组装化的工业化方向转变，进而向精益建造的方式演变。在产业结构要素的密集程度上，逐渐由劳动密集型产业为主导向技术密集型的有序演变，全要素劳动生产率的提高主要体现在技术的进步上。预制装配式施工技术、一体化新型墙材生产技术、预制组件或整体模块生产技术等均是通过技术的研发来提高要素的劳动生产率，也最终表现为产业结构从传统建造到工业化建造的劳动力、资源等要素的转移。产业动力形成了供应链合作的拉动。

（2）规模经济效益显著。Richard认为工业化的本质是：生产大量的单元，将投资划分为小（最终无限小）的单元，从而减少单个单元的固定生产成本到边际量和产品可以提供给大量用户。在更有效率的流程中的投资，虽然一开始昂贵，但增加的数量一旦达到收支平衡点就可以产生利润，工业化是基于数量的。大批量的建筑组件、整体部品的生产完全可以达到规模效应，而且通过大规模定制，建筑部品生产企业同样能够提供满足不同顾客需求的标准模块，根据一系列预先确定的部品组件的菜单，允许不同层次的定制而实现规模经济。如在日本，自20世纪70年代中期以来，预制房屋开发商在客户界面、供应链和生产过程中与预制组件制造商的合作中开展了广泛的创新，使得预制组件制造商增强了他们供应链合作中大规模定制的能力。到20世纪90年代初，预制房屋开发商已经建立了一个可以兼容规模经济的大规模定制系统，采用建造——定制（Build-to-Order）的按单加工的技术和集成信息系统来提供高水平的房屋设计的定制。

（3）产业生态需求。可持续建造要求在基于资源效率和生态原则的基础上创建和维护一个健康的建筑环境。在英国，环境可持续性被认为是工业化建筑的主要推动力，好的工业化解决方案应生产高性能产品并使用新颖的材料和设计。传统建筑被批评的不可持续性，尤其是其废物产生和过度消耗资源，建筑业面临使用工业化模式来创建可持续的建造环境。工业化建筑供应链合作能够减少材料浪费，增加建筑寿命，提高产品质量，减少环境污染，减少使用自然材料和资源，更好地质量控制和减少能源消耗。

3. 市场推动：最大限度满足客户需求，降低市场风险，提升市场竞争力

（1）客户需求。当客户需求更好的产品和更可靠的服务时对供应链运作的改变带来了动力。促使总承包商为更好地满足客户需求寻求与上游客户建立合作伙伴关系和与下游关键材料供应商、分包商延长合作协议的可能性。快速变化的客户需求，需要有敏捷的快速应对的供应链流程，通常工业化产品标准化与高效率相关，而定制与低效率和高成本相关。然而，定制实践表明，消费者往往愿意支付反映个性化增值的价格溢价。定制使得客户从产品中获得了效用增量，相比标准化产品能更好地满足他们的需求。所以定制也并不与标准化矛盾，个性化产品同样是工厂生产，质量和工期能同样得到保障，虽然牺牲了部分规模经济比较下的成本，但能满足建筑产品的市场个性化的需求且客户愿意承担此部分增量。

（2）市场风险。在工业化建筑推广初期，对工业化建造技术、预制部品组件的研发等均面临着较大的市场风险，这种风险的影响会由于项目的一次性、参与企业的投机性而放大，供应链层面的流程缺陷会导致各参与企业重复开展技术、产品的研发与应用，而带来技术开发无序和整体技术水平低下等问题。风险最好的化解方式是由最适合承担此风险的一方来承担。针对产品研发、技术研发等风险，供应链企业会通过合作把自己无法或不易化解的风险转移给适合承担此风险的合作伙伴。

（3）市场竞争力。在今天的全球化和高度竞争的商业时代，施工企业和生产企业意识到为了获得和维持竞争优势，它们必须以最低的成本提供最好的顾客价值。客户变化的需求要求企业对此更快的响应时间、缩短产品周期时间并提供定制的产品和服务。公司超越自己的组织边界寻找机会与供应链伙伴进行合作，通过利用它们的供应商和客户的资源和知识来确保供应链的效率和响应能力。在动态的市场环境中这种合作会加快产品开发流程、降低开发成本、推动更大的技术改进以及提高产品质量。

4. 资源驱动：资源优化配置，技术创新互补，进行产品流程整合

（1）资源优化。资源基础理论主要用来研究合作伙伴间的相互依赖性和合作结构的稳定性，强调参与合作的企业必须为联盟带来有价值的资源。这里的资源包括资本、资产、人才、能力、技术、信息和知识等，企业中积累了有价值的、稀缺的或难以模仿的资源时，可以获得持续的优势竞争力。企业寻求合作的动力来源于：该企业自身实力较弱，需要某种自身没有的资源，需要通过合作获得某些资源；企业均较强，通过合作共享优势资源，提升整体竞争力。Miller & Shamsie 把资源分为基于财物的（如资金、物质、人力等有形的）和基于知识的（技术、声誉等无形的）。企业合作可以获得不同类型的互补资源，这些资源可以获得规模经济，且可以发展新资源、新技术并提升整体竞争优势。有些资源通过市场购买无法获得而企业又需要此种资源时，合作似乎就成了一种必然的选择，正是由于资源的有限性、稀缺性、独特性等特征给企业间合作带来了驱动力。资源的合理流动和优化配置是供应链企业合作的吸引力。

（2）技术创新。工业化建筑的技术体系改变了传统建筑的施工生产模式、生产要素的组合方法以及生产管理方式，工厂化生产现场组装的建造方式对生产要素和生产资源进行了重新配置，对施工总承包商和预制件生产商而言都面临着建筑部品组件的产品创新、生产安装技术的创新以及二者如何把工厂生产和现场安装进行有效无缝对接的问题。这些均会促使供应链的相关企业通过合作来解决创新成本的分担、创新技术的研发以及产品生产安装的对接问题。产品技术包括研发新型工业化建筑的组件、部品，新的建造、施工技术，工业化生产理论在建筑产品中的应用和创新。日本丰田汽车在"第二次世界大战"后寻求新方法来迅速提高其生产力，意识到快速适应市场需求的频繁变化的能力在新生产系统至关重要，丰田的革命性创新是把传统的材料和信息流的"推动生产（Push Production）"扩展到一个"拉动生产（Pull Production）"的方式。拉动生产中，流水线只提供产品，要求避免库存和生产过剩。通过开发一个完整的称为"看板（Kanban）"通信系统来支持新信息和物质流。看板信息链是由一个特定的产品与特定的配置的客户需求开始的。因此，工厂的产量是通过客户"拉动"的，而不是以前的工厂管理和存储能力"推动"的。殷瑞钰院士说，实现新型工业化的过程是一个不断进行工程创新的过程，工程创新是一系列技术进步及其集成性创新的体现，工程创新直接决定着国家、地区的发展速度和进程。快速发展必须是立足在"集群性"的工程创新上，而不能停留在单一技术的突破或是个别理论问题的解决上。先进的预制行业是由随着时间推移持续增加的革命性创新和独特的社会经济和社会文化环境共同组成的。技术创新是供应链企业进行合作的原始动力。

（3）产品流程整合。Alinaitwe et al. 把工业化建筑的建造方式分为一个非现场 /

现场工业化的维度和产品／流程工业化的维度。具体如图 3.2 所示。一方面，产品工业化重点关注根据产品、材料、工具和制造技术的建设技术方面。非现场施工的工业化涉及建筑组件的大量自动化生产。现场产品工业化通常包括机械化装配方法和使用更高级的工具和材料。另一方面，流程工业化涉及建设参与者如何进行正式和非正式的合作。现场流程工业化被视为是精益建设规划方法、JIT、物流等方面的合作。非现场流程工业化涉及从项目策划到运营管理的整个施工过程，主要关注建筑效益、价值创造、集成设计过程和战略合作。

图 3.2　工业化建造流程——产品整合
来源：参考文献［153］

5. 制度助动：政府引导，政策激励，标准支撑

（1）政府引导。国家及各地地方政府行政部门通过制定关于工业化建筑的各种政策文件积极引导其推广应用，并出台了相应的财政补贴措施。政府在规则制定、技术研发、应用推广等领域需发挥整体作用。建筑工业化不同于其他任何实施的"技术"，因为它不能靠"单一"组织或"单一"供应链来实现。它需要广泛的建筑行业认可度来提供市场的连续性和稳定性，从而实现投资和成本更加有效。市场可能自发演进，在没有政府的干预下也可能运作良好，规章制度可以确保最低标准的质量保障，但他们会增加交易成本。当传统建造方式对环境和可持续发展产生重大的不利影响时，市场的调节作用可能会失灵，基于市场的政府激励措施是用来解决此问题的有效率和有效果的工具。尤其在工业化建筑推广的初期，需要政府的参与引导，曾有地方政府在政府公租房项目中，引导施工总承包企业和混凝土预制件生产基地组成联合体共同在公租房试点工业化项目中进行合作。

（2）政策激励。工业化建筑的推广需要从政府层面获得更多拉动和推动的激励政策，努力重点应放在工业化建筑的建造方和供应方的发展能力上。从各国发展历程不难看出，政府政策推动是工业化建筑发展初期的必经阶段。遵循工业化发展规律，加以政策引导解决，以制定出台长期政策为主，辅以短期的积极政策。中国香港房屋委员会每年为约 30000 个预制公共投资的房屋单元提供补贴，该政策开始于 20 世纪 80 年代中期。新加坡政府强制要求建筑物的建造符合"易建性（buildability）"的规定，新加坡也是第一个为量化"易建性"制定规则的国家。目前我国约有 30 多个省市已明确出台了相关的指导意见和配套措施。规定某些建设项目必须采用装配式建造模式或建筑物的整体装配率、预制率需要达到某个百分比。政府应在土地出让规划条件中明确工业化建筑的要求，对工业化部品部件的供应企业给予税收、财政优惠政策，对开发工业化建筑的房地产开发商在规划、审批、开发环节给予政策优惠的支持。

（3）标准支撑。政府对成套工业化建筑技术标准、规范、通用图集的编制施行进行了大量努力，目前陆续颁布了《工业化建筑评价标准》《装配式住宅建筑设计规程》《装配整体式混凝土住宅体系设计规程》《装配式混凝土结构技术规程》《装配式剪力墙结构设计规程》等系列内容。各种优惠政策、强制性文件和各类规范、标准、规程的颁布施行是促进供应链合作的重要因素。

3.1.2　工业化建筑供应链合作的动力因素模型

上述的动力因素之间并不是相互独立的，他们之间存在着直接或间接的相互影响。工业化建筑供应链合作的动力因素如图 3.3 所示。工业化建筑供应链合作的核心推动是利益趋同、产业拉动、市场推动、资源驱动、制度导向等，它们成为驱使供应链企业组成合作伙伴的实际动力。

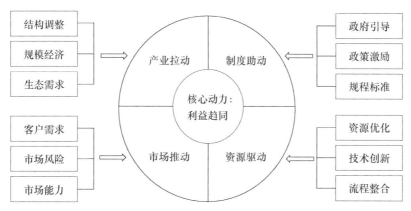

图 3.3　工业化建筑供应链合作的动力因素模型

来源：作者自绘

63

3.2　工业化建筑供应链合作的动力演化过程

供应链合作的基本动力是供应商对市场需求的满足。合作能够使得合作公司间共担投资成本、相互利用合作伙伴的优势资源、共同获得超额收益，而合作创新是推进供应链合作的积极动力。Petersen 认为相对于供应链中的横向企业联合模式，纵向企业的合作创新是一种更有效的创新协同模式，它能够同时增加供应链的整体创新收益和全部成员自身的收益。而超额收益是供应链合作的核心动力，本章限于篇幅，这里仅对供应链企业间的合作创新的演化过程进行重点论述。

演化博弈理论把博弈理论分析和动态演化过程结合起来，基于生物进化理论，强调动态的均衡。该理论重点研究随着时间变化的群体对象在群体演化中的动态过程，并能够解释为何群体将达到目前的这一状态以及如何达到。在工业化建筑供应链中，总承包商占据核心地位，一个施工总包商和对应材料、设备、预制部品等众多的供应商，这些供应商均是具有异质性的个体，这些群体在相互发生联系的建设项目中其关系的演变是动态的，尤其在工业化建筑建造技术创新、管理模式创新、信息技术使用创新等方面，施工总包商起着关键的主导作用，如何与众多的供应商在合作创新中建立长期的关系、分配超额合作收益、激励供应商创新也是一个在供应链中逐渐动态演化的过程，某些重要因素会影响合作创新演化的走向和最终结果。

3.2.1　合作创新演化的模型构建

1. 模型描述

在工业化建筑供应链中，总包商和供应商都可以选择合作或不合作。在二者合作创新的演化过程中，在模型中需首先确定影响合作演化的关键因素。

通过文献调研，首先找出影响合作演化的要素。朱建波等对于总承包商和分包商的合作演化中考虑了溢出效应、合作中的收益分配、总承包商的补贴，并拓展了业主的补贴对双方策略的影响。李星北在研究供应商与制造商合作演化中重点考虑了溢出效应、创新补贴、合作收益分配，而洪巍在研究业主与供应商的技术合作创新演化中除了上述因素外，还考虑了风险成本对双方策略的影响。黄敏镁对协同产品开发供应链中制造商和供应商之间合作的成本分担、收益分配机制进行了探讨，并且证明了监督条件下，合理的惩罚将有利于减少二者之间的背叛行为。这些研究对工业化建筑供应链中总包商和供应商之间的合作创新方法提供了重要参考，但目前基于工业化特征建造特点的针对工业化建筑供应链合作演化的研究很少，单英华总结了工业化住宅在合作创新方面的主要特性表现在：合作企业间的关系专用性资产投资、合作创新组织的双向溢出效应以及工业化住宅建造过程中的组织协同、技术协同和信息协同效应，但没有考虑风险成本的影响。而在目前工业化建筑在我国还属于全面推广的初级阶段，各参与方对工业化建造的模式、技术、方法、管理等方面没有充分的了解，对合作的资产专用性投资、合作创新收益还存在着一定的风险，所以在合作创新中需要考虑风险成本的影响。

基于此，本章在综合各学者研究的基础上针对工业化建筑供应链中总包商和预制部品供应商之间的合作创新从溢出效应、合作创新收益与成本分配、风险成本、创新补贴等方面研究其合作创新的演化博弈机理。重点关注以下内容：

（1）超额合作收益。合作创新需要研究通过各方合作带来的额外项目收益或剩余，这也是合作的前提条件，一方面是如何最大化合作剩余的数量以保证合作的外部稳定，另一方面是研究合作剩余如何在供应链合作各方中进行公平的分配以保证联盟的内部稳定。

（2）溢出效应和创新补贴。溢出效应（Spillover Effect）是指通过研发成果的非自愿扩散，促进了其他企业技术和生产力水平的提高，是经济外在性的一种表现。由于溢出效应的存在，即使总包商不对供应商进行补贴，供应商的创新成果对总包商也会产生技术溢出和经济溢出效应，也可能出现总包商"搭便车"的行为，从而影响供应商的创新积极性。这需要总包商和供应商共同分担创新成本，尤其是在工业化建筑推广的初期阶段，为了提高供应商的创新动力，总包商对供应商发生的创新成本进行一定的创新补贴，以便共享创新收益。

（3）风险成本。对总包商而言，在施工过程中有可能面临工业化部品与现场施工不匹配带来的质量返工、工期损失等风险。对供应商而言，可能面临着独自承担较大的研发成本而产品不被认可等风险。二者的合作会带来技术、组织等各方面的优势互补从而会减少风险成本。

2. 模型建立

（1）符号定义

模型中使用的各种符号定义如下：

m_1——总包商采取"不合作"策略时的正常收益，$m_1 > 0$；

m_2——供应商采取"不合作"策略时的正常收益，$m_2 > 0$；

Δm——总包商和供应商共同合作创新获得的超额收益；

65

Δm_2——预制部品部件供应商单独创新获得的超额收益;

α——双方"合作"策略时总包商对超额收益的分配系数,$0 \leqslant \alpha \leqslant 1$;

c——供应商创新所需的成本;

ρ——供应商创新研发对总包商的溢出系数,$0 \leqslant \rho \leqslant 1$;

β——总包商对供应商的创新补贴系数,$0 \leqslant \beta \leqslant 1$;

q_1——总包商采取"不合作"策略时的风险损失;

q_2——供应商采取"不合作"策略时的风险损失;

Δq——双方"合作"策略时的风险损失的减少值;

γ——风险发生的概率,$0 \leqslant \gamma \leqslant 1$;

η——总包商对风险损失减少值的分配系数,$0 \leqslant \eta \leqslant 1$。

（2）模型构建

在工业化建筑供应链的创新中,假设总包商采取合作与不合作的概率分别为 b 和（$1-b$）;供应商采取合作与不合作的概率分别为 e 和（$1-e$）;二者合作博弈的支付矩阵如表 3.1 所示。

合作博弈的支付矩阵　　　　　　　　　　　　　表 3.1

博弈方		供应商	
		合作（e）	不合作（$1-e$）
总包商	合作（b）	$m_1 + \alpha\Delta m - \beta c - \gamma(q_1 - \eta\Delta q)$	$m_1 - \beta c - \gamma q_1$
		$m_2 + (1-\alpha)\Delta m - (1-\beta)c - \gamma(q_2 - (1-\eta)\Delta q)$	$m_2 + \beta c - \gamma q_2$
	不合作（$1-b$）	$m_1 + \rho\Delta m_2 - \gamma q_1$	$m_1 - \gamma q_1$
		$m_2 - c - \gamma q_2$	$m_2 - \gamma q_2$

总包商采取合作、不合作策略的期望收益以及平均期望收益分别为:

$$S_b = e[m_1 + \alpha\Delta m - \beta c - \gamma(q_1 - \eta\Delta q)] + (1-e)(m_1 - \beta c - \gamma q_1) \quad (3.1)$$

$$S_{1-b} = e(m_1 + \rho\Delta m_2 - \gamma q_1) + (1-e)(m_1 - \gamma q_1) \quad (3.2)$$

$$\overline{S} = bS_b + (1-b)S_{1-b} \quad (3.3)$$

总包商的演化博弈的动态复制方程为:

$$\frac{\mathrm{d}b}{\mathrm{d}t} = b(S_b - \overline{S}) = b(1-b)[e(\alpha\Delta m + \gamma\eta\Delta q - \rho\Delta m_2) - \beta c] \quad (3.4)$$

同样,供应商采取合作、不合作策略的期望收益、平均期望收益以及动态复制方程分别为:

$$S_e = b\left[m_2 + (1+\alpha)\Delta m - (1-\beta)c - \gamma(q_2 - (1-\eta)\Delta q)\right] + (1-b)(m_2 - c - \gamma q_2) \tag{3.5}$$

$$S_{1-e} = b(m_2 + \beta c - \gamma q_2) + (1-b)(m_2 - \gamma q_2) \tag{3.6}$$

$$\overline{S}' = eS_e + (1-e)S_{1-e} \tag{3.7}$$

$$\frac{de}{dt} = e(S_e - \overline{S}') = e(1-e)\{b[(1-\alpha)\Delta m + (1-\eta)\gamma\Delta q] - c\} \tag{3.8}$$

令 $\dfrac{db}{dt}=0$，可得总包商复制动态的三个平衡点分别为：

$$b_1 = 0,\ b_2 = 1,\ e_3 = \frac{\beta c}{-\rho\Delta m_2 + \alpha\Delta m + \gamma\eta\Delta q}$$

令 $\dfrac{de}{dt}=0$，可得供应商复制动态的三个平衡点分别为：

$$e_1 = 0,\ e_2 = 1,\ b_3 = \frac{c}{(1-\alpha)\Delta m + (1-\eta)\gamma\Delta q}$$

存在5个局部均衡点，分别为Ⅰ（0，0）、Ⅱ（0，0）、Ⅲ（0，0）、Ⅳ（0，0）、Ⅴ（b_3，e_3）。根据 Frideman 方法，可采用 Jacobian 矩阵方法分析动态系统均衡点的稳定性。对微分方程求偏导，得到系数矩阵如下：

$$J = \begin{vmatrix} (1-2b)[e(\alpha\Delta m - \beta c + \gamma\eta\Delta q - 2\rho\Delta m_2) + \rho\Delta m_2] & b(1-b)(\alpha\Delta m - \beta c + \gamma\eta\Delta q - 2\rho\Delta m_2) \\ e(1-e)[(1-\alpha)\Delta m + (1-\eta)\gamma\Delta q] & (1-2e)\{b[(1-\alpha)\Delta m + (1-\eta)\gamma\Delta q] - c\} \end{vmatrix}$$

根据 Jacobian 矩阵，进一步讨论5个均衡点的稳定性。分以下几种情形讨论，把5个均衡点代入系数矩阵中，得到对应的 Jacobian 矩阵，行列式的值为 detJ，迹为 TrJ，局部稳定性的结果如表3.2所示。

均衡点稳定性分析　　　　　　　　　　　　　表 3.2

均衡点	detJ	TrJ	局部稳定性
（0，0）	+	−	ESS
（0，1）	+	+	不稳定
（1，0）	+	+	不稳定
（1，1）	+	−	ESS
（b_3，e_3）	−	0	鞍点

由表3.2可知，5个均衡点中只有点（0，0）和点（1，1）具有局部稳定性，而点（0，1）和点（1，0）为不稳定点，点 V（b_3，e_3）为鞍点，总包商与供应商博弈的具体动态演化相图如图3.4所示。

从图3.4中可知，总包商与预制部品供应商长期演化的博弈结果会趋向于

67

（0，0）或（1，1）点，即二者最终会同时选择合作或不合作。若二者初始的博弈状态在 N 的区域范围内，博弈的演化趋势是向（1，1）收敛，二者逐渐走向合作。若二者初始的博弈状态在 Q 的区域范围内，博弈的演化趋势是向（1，1）收敛，二者逐渐走向不合作。

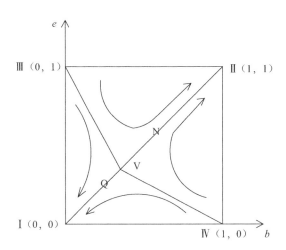

图 3.4　总包商与预制部品供应商博弈的演化相图

来源：作者自绘

3.2.2　模型演化稳定策略的影响因素分析

由图 3.4 可以看出，N 区域的面积大小影响着双方是否会走向合作。演化结果受 N、Q 二者区域的面积大小影响。其中 Q 的区域面积为：

$$S = \frac{1}{2}\left[\frac{\beta c}{-\rho \Delta m_2 + \alpha \Delta m + \gamma \eta \Delta q} + \frac{c}{(1-\alpha)\Delta m + (1-\eta)\gamma \Delta q} \right] \quad （3.9）$$

由公式（3.9）可知影响面积大小的因素包括：ρ、Δm_2、β、c、α、Δm、γ、η、Δq 等 9 个因素，下面分别进行分析，对各个因素求偏导，结果如下：

$$\frac{\mathrm{d}S}{\mathrm{d}\rho} = \frac{1}{2}\left[\frac{\Delta m_2 \beta c}{(-\rho \Delta m_2 + \alpha \Delta m + \gamma \eta \Delta q)^2} \right] > 0$$

$$\frac{\mathrm{d}S}{\mathrm{d}\beta} = \frac{1}{2}\left[\frac{c}{(-\rho \Delta m_2 + \alpha \Delta m + \gamma \eta \Delta q)} \right] > 0$$

$$\frac{\mathrm{d}S}{\mathrm{d}c} = \frac{1}{2}\left[\frac{\beta}{-\rho \Delta m_2 + \alpha \Delta m + \gamma \eta \Delta q} + \frac{1}{(1-\alpha)\Delta m + (1-\eta)\gamma \Delta q} \right] > 0$$

$$\frac{\mathrm{d}S}{\mathrm{d}\alpha} = -\frac{1}{2}\left[\frac{-\Delta m \beta c}{(-\rho \Delta m_2 + \alpha \Delta m + \gamma \eta \Delta q)^2} + \frac{\Delta m c}{[(1-\alpha)\Delta m + (1-\eta)\gamma \Delta q]^2} \right]$$

$$\frac{\mathrm{d}S}{\mathrm{d}\Delta m}=\frac{1}{2}\left[\frac{\alpha\beta c}{(-\rho\Delta m_2+\alpha\Delta m+\gamma\eta\Delta q)^2}+\frac{(1-\alpha)c}{[(1-\alpha)\Delta m+(1-\eta)\gamma\Delta q]^2}\right]<0$$

$$\frac{\mathrm{d}S}{\mathrm{d}\gamma}=-\frac{1}{2}\left[\frac{\eta\Delta q\beta c}{(-\rho\Delta m_2+\alpha\Delta m+\gamma\eta\Delta q)^2}+\frac{(1-\eta)\Delta qc}{[(1-\alpha)\Delta m+(1-\eta)\gamma\Delta q]^2}\right]<0$$

$$\frac{\mathrm{d}S}{\mathrm{d}\eta}=\frac{1}{2}\left[\frac{-\gamma\Delta q\rho\Delta m_2}{(-\rho\Delta m_2+\alpha\Delta m+\gamma\eta\Delta q)^2}+\frac{\gamma\Delta qc}{[(1-\alpha)\Delta m+(1-\eta)\gamma\Delta q]^2}\right]$$

$$\frac{\mathrm{d}S}{\mathrm{d}\Delta q}=-\frac{1}{2}\left[\frac{\gamma\eta\rho\Delta m_2}{(-\rho\Delta m_2+\alpha\Delta m+\gamma\eta\Delta q)^2}+\frac{(1-\eta)\gamma c}{[(1-\alpha)\Delta m+(1-\eta)\gamma\Delta q]^2}\right]<0$$

$$\frac{\mathrm{d}S}{\mathrm{d}\Delta m_2}=\frac{1}{2}\left[\frac{\rho\beta c}{(-\rho\Delta m_2+\alpha\Delta m+\gamma\eta\Delta q)^2}\right]>0$$

下面进行结果分析：

（1）$\frac{\mathrm{d}S}{\mathrm{d}\rho}>0$，说明随着溢出效应对总包商的影响越来越明显，面积逐渐变大，系统向（0，0）演化的概率越来越大，这种状况下，总包商可能不需进行补贴，只需通过"搭便车"即可得到供应商独自创新成果的非自愿扩散。

（2）$\frac{\mathrm{d}S}{\mathrm{d}\beta}>0$，说明随着总承包商的补贴系数加大，总包商合作的意愿会下降。

（3）$\frac{\mathrm{d}S}{\mathrm{d}c}>0$，说明随着创新成本的增加，供应商合作的意愿会下降。

（4）$\frac{\mathrm{d}S}{\mathrm{d}\Delta m_2}>0$，说明随着承包商独自创新的收益增加，供应商合作的意愿下降。

（5）$\frac{\mathrm{d}S}{\mathrm{d}\Delta m}<0$，说明随着双方合作收益的增加，双方合作的意愿上升。

（6）$\frac{\mathrm{d}S}{\mathrm{d}\gamma}<0$，说明随着风险发生的概率增加，双方合作的意愿上升。

（7）$\frac{\mathrm{d}S}{\mathrm{d}\Delta q}<0$，说明随着风险损失的减少值越大，双方合作的意愿上升。

上述的 7 个因素对 Q 面积的影响是单调的，但 $\frac{\mathrm{d}S}{\mathrm{d}\alpha}$，$\frac{\mathrm{d}S}{\mathrm{d}\eta}$ 二者的值不确定，说明 α、η 对 Q 面积的影响不是单调的，需进一步进行分析，对 α 求二阶偏导，得到：$\frac{\mathrm{d}^2S_E}{\mathrm{d}\alpha^2}>0$，令 $\frac{\mathrm{d}S}{\mathrm{d}\alpha}=0$，下式成立。

$$\frac{\Delta m\beta c}{(\alpha\Delta m-\rho\Delta m_2+\gamma\eta\Delta q)^2}=\frac{\Delta mc}{[(1-\alpha)\Delta m+(1-\eta)\gamma\Delta q]^2} \tag{3.10}$$

说明存在最优合作分配收益系数 α，使得系统向（1，1）合作方向演化的概率最大。

同理对 η 求二阶偏导，可得到：$\dfrac{d^2 S_E}{d\eta^2} > 0$，令 $\dfrac{dS}{d\eta} = 0$，下式成立。

$$\frac{\gamma \Delta q \rho \Delta m_2}{(\alpha \Delta m - \rho \Delta m_2 + \gamma \eta \Delta q)^2} = \frac{c}{[(1-\alpha)\Delta m + (1-\eta)\gamma \Delta q]^2} \quad (3.11)$$

说明存在风险损失减少值的最优分配系数 η，使得系统向（1，1）合作方向演化的概率最大。式（3.10）、式（3.11）同时成立，表明双方合作带来的收益增加与合作带来的风险损失减少的内涵是一致的。

本章应用演化博弈理论研究了工业化建筑供应链中总包商和供应商合作创新的演化过程。在工业化建设项目推广的初期，溢出效应使得总包商可能会"搭便车"，需要总包商对供应商的创新成果进行补贴，从而获得更大的溢出收益份额。同时存在最优的合作收益分配系数以及最优的风险损失减少值的最优分配系数，使得供应链向合作方向演化的概率最大。

3.3 工业化建筑供应链合作的博弈分析模型

博弈论中两种常见的方法是非合作博弈与合作博弈。非合作博弈是市场中某一决策参与者把其他参与者视为竞争对手，而合作博弈是一群决策者决定共同承担一个项目，所有加入项目者为合作伙伴来实现共同的目标：利润最大化或增加市场份额或成本最小化。合作博弈的两个类型是效用可以被转移（TU-games，效用可以在合作伙伴间进行不同形式的分配）和效用不能被转移（NTU-games）。合作博弈的两个关键要素是：每个联盟的总支付是多少；联盟中的每个参与者将获得多少支付。如果一个参与者加入联盟取得的利润超过单独行动时的利润时，他会趋向于寻求建立联盟或进行合作。

合作博弈强调的是集体理性，重视公平和效率，合作中存在一个有约束力的协议。合作博弈主要研究通过各方合作带来的额外项目收益或剩余，这也是合作的前提条件。一方面是研究如何最大化合作剩余的数量以保证合作联盟的外部稳定，另一方面是研究合作剩余如何在合作各方进行公平的分配以保证联盟的内部稳定。

设工业化建筑项目的供应链合作企业构成了一个大联盟，$N = (1, 2, 3, \cdots, n)$，n 为参与主体的个数，N 中共有 2^n 个子集，子集 S 为其中的一个小联盟，S 的价值为 $v(S)$，每个参与人在联盟中的支付向量为 x_i，x_i 是参与人 i 从 $v(S)$ 的分配中获得的收益，$v(i)$ 为第 i 个参与人的特征函数。

确定合作博弈需同时满足：

（1）个体理性：$x_i \geqslant v(i)$

（2）集体理性：$x_1 + x_2 + \cdots + x_n = v(N)$

3.3.1　供应链合作的利益分配

供应链合作企业间的利益分配方案应满足效率、公平等原则，夏普利值和核仁是两个最著名的符合上述原则的解的概念。

1. 核

对于合作博弈 $B(N, n)$ 的分配 x、y，如果对于 $S \in N$，使得 $x > y$，则称为"x 优超 y"，记为 $x > y$。若博弈的分配集中不被任何分配优超的分配的全体，被称为该博弈的"核"。

因根据核的分配不会被其他分配超越，所以核作为合作博弈的解具有合理性和稳定性。然而，核有两个缺点：它可能不是唯一的，也可以是空的。核作为联盟博弈的解，除了满足个体和集体理性外，还需满足联盟理性，即大联盟中所有小联盟中的参与人的支付之和应大于该小联盟的价值。一个相对简单的方法来处理是最小最大核心的方法。

2. Sharply 值

Sharply 值是在 1953 年由夏普里提出来的。他首先给出了四个公理。对称性公理，是指参与人的所得与博弈方的排列次序无关，应取决于他对联盟的贡献。有效性公理，是指各参与方的所得之和正好把联盟的收益全部分割完。加法公理，是指任意两个独立的博弈合并时，其夏普里值是原先两个独立博弈的夏普里值之和。还有虚拟性公理，是指对于没有对联盟做出贡献的虚拟参与人，不应给予任何收益。夏普里证明了存在着同时满足上述四个公理的唯一指标是 $\varPhi(v)$。夏普里值方法的基本原理是，每个参与人的支付应该等于其对每一个它所参与的联盟的边际贡献的数学期望值。

当参与者尝试参与联盟时，他们会预计能获得多少收益。事前的评估对定是否参加联盟是重要的。Shapley 值是参与者对联盟边际贡献的数学期望，它是基于在分配大联盟能够实现的总收益时一个特定的"公平"概念，可表示为：

$$\phi_1 = \frac{(m-1)!\,(n-m)!}{n!}\{v(S) - v(S-\{i\})\}$$

联盟 S 的数量是 m，在大联盟 N 中所有成员的数目是 n，$S-\{i\}$ 是不包括成员

71

i 的联盟。因为随机的合作顺序，如果参与者 i 与由成员 $S-\{i\}$ 组成的联盟合作，它收到的收益为 $v(S)-v(S-\{i\})$，他对联盟的边际量作为支付。夏普利值 ϕ_i 是对参与者 i 的期望支付。随机化方案下，$(m-1)!(n-m)!/n!$ 是参与者 i 加入联盟 $S-\{i\}$ 的概率，它可以被看作是系数 $(m-1)!(n-m)!/n!$ 之和等于 1。

例如，如果三个参与者 $\{1, 2, 3\}$ 相互配合组成联盟。对参与者 1，它对联盟的边际贡献是 $v(1)-v(\phi)$、$v(12)-v(2)$、$v(13)-v(3)$、$v(123)-v(23)$。

如果参与者 1 加入联盟 Φ，有两个顺序，即 1，2，3 或 1，3，2，则 $v(1)-v(\Phi)$ 的概率是 $2/3!=1/3$，其他同理，因此：

$$\phi_1=1/3\{v(1)-v(\phi)\}+1/6\{v(12)-v(2)\}+1/6\{v(13)-v(3)\}+1/3\{v(123)-v(23)\}$$
$$\phi_2=1/3\{v(2)-v(\phi)\}+1/6\{v(12)-v(1)\}+1/6\{v(23)-v(3)\}+1/3\{v(123)-v(13)\}$$
$$\phi_3=1/3\{v(3)-v(\phi)\}+1/6\{v(13)-v(1)\}+1/6\{v(23)-v(2)\}+1/3\{v(123)-v(12)\}$$

上述三个公式相加，可得：

$$\phi_1+\phi_2+\phi_3=v(123)$$

结果表明基于 Shapley 值是满足收支平衡条件下的分配方式。

3. 核仁

核仁是内核的唯一解。内核最早是由 M.Davis 和 Michael Maschler 在 1965 年提出的，设联盟 S 在分配 x 上的剩余为 $e(S, x)$。若 $e>0$，表示分配 x 被实施联盟所必须放弃的数量；如 $e<0$，它的绝对值表示分配 x 被实施时超出联盟的部分。参与人 k 对分配 x 的异议是通过建立排除参与人 1 的联盟进行的。

内核的定义如下：

令 (N, v) 是一个可转移效用的合作博弈，β 是一个联盟结构，分配 x 实施时，参与人 k 对参与人 1 所提反对的剩余为：

$$S_{k,l}(x)=\max_{\substack{k\in S\\l\in S}} e(S, x)$$

β 的内核 $K(\beta)$ 有如下的分配：

$S_{k,l}(x)>S_{l,k}(x)\Rightarrow x_l=v(\{l\})$，对所有的 $k, l\in B\in\beta$，$k\neq l$

β 预分配内核 $K(\beta)$ 有如下的分配集：

$S_{k,l}(x)=S_{l,k}(x)$，对所有的 $k, l\in B\in\beta$，$k\neq l$

当考虑 $K(\{N\})$ 时，就获得了博弈 (N, v) 的内核。

Schmeidler 在 1969 年引入核仁的目的是在可转移效用合作博弈的内核中选出唯一的产出。如果某个分配向量的所有联盟剩余都最小，则这个分配向量就是核仁，即核仁是最小的最大剩余。由于任何分配的可接受的分配集称为核仁。核仁是基于剩余（Excess）的概念，对一个 n 人博弈（N, v），T 表示一个联盟，$x = (x_1, x_2, \cdots, x_n)$ 是一个支付向量。

联盟 T 的剩余是：$e(T, x) = v(T) - \sum_{i \in T} x_i$，$T$ 是任意联盟，$\sum_{i \in T} x_i = v(123)$，如有三个参与者，$T = \{1\}, \{2\}, \{3\}, \{12\}, \{13\}, \{23\}, \{123\}$，核是全部的满足 $e(T, x) \leqslant 0$ 条件的全部配置。通常当核非空时，假设 ε 是任意实数，在 $e(S, x) \leqslant \varepsilon$ 中，如果 ε 是负数，核的范围能被减少通过抑制盈余对 ε 或更少。核仁是最小化的最大值 ε 的解，即 $\min_{x \in X} \max_{T \subset N} e(T, x)$，线性规划问题为：

$$\min \text{minze } \varepsilon$$

$$e(T, x) \leqslant \varepsilon, \ T \subset N, \ x \in X$$

X 是所有分配集。上述问题是优化问题，因此我们可以用线性规划方法求解（核仁）。此外，在核是空的情况下，所有的联盟可以忍受即使他们获得较少的利润。当 $\varepsilon > 0$ 时，所有联盟 $e(x; S)$ 的要求未必是 0 或更少；当 ε 低于一定的范围时，如果在联盟中的参与者同意，核的条件可以放宽到。因此，随着核扩大范围，核仁也可以得到。通过逐步减少 $v(S - \{i\})$，核不会一直是空集。参考文献 [160] 给出了核、内核、核仁之间的关系如图 3.5 所示。当核非空时，核仁在核中。若核为空时，核仁可被想象为处于核的"潜在位置"。

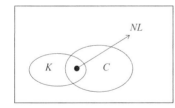 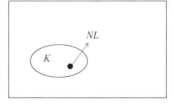

图 3.5　内核（K）、核仁（NL）、核（C）的关系

来源：克里斯汀·蒙特. 博弈论与经济学 [M]. 北京：经济管理出版社，2004.

3.3.2　工业化建筑供应链合作的博弈模型

现考虑一个总承包商与两个不同预制件供应商组成的多方合作的收益分配问题：参与人 1 代表总承包商，参与人 2 和 3 分别代表两个不同的预制件供应商，该项目仅有预制件供应商不会成功，必须有总承包商的参加，供应商 2 和供应商 3 联盟的力量较弱。总承包商 1 可以选择供应商 2 或供应商 3 进行合作，也可以与他们同时合作。此三人的合作博弈的标准化形式可以表示为：

$$V(\{1\}) = V(\{2\}) = V(\{3\}) = 0,\ V(\{2,\ 3\}) = 0$$

$$0 \leqslant V(\{1,\ 2\}) \leqslant 1,\ 0 \leqslant V(\{1,\ 3\}) \leqslant 1,\ V(\{1,\ 2,\ 3\}) = 1,$$

可以得出：$0 \leqslant x_1 + x_2 \leqslant 1,\ 0 \leqslant x_1 + x_3 \leqslant 1,\ x_2 + x_3 \geqslant 0,\ x_1 + x_2 + x_3 = 1$

参考 Moulin 的研究，这里分两种情况讨论。

（1）当总承包商与供应商合作力量较强时，$v(ij) + v(jk) \geqslant 1$，即 $1/2 \leqslant x_1 + x_2 \leqslant 1$ 且 $1/2 \leqslant x_1 + x_3 \leqslant 1$，$x_2 + x_3 \leqslant 1/2$ 时。

通过单纯性法来确定该博弈的核，如图 3.6 所示。

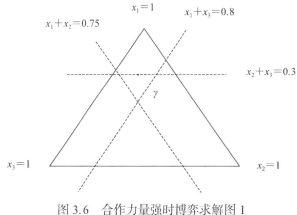

图 3.6　合作力量强时博弈求解图 1
来源：作者自绘

① 假设 $x_1 + x_2 = 0.75$，$x_1 + x_3 = 0.8$，$x_2 + x_3 = 0.3$，核是由三条直线围合成的三角形。

由于两人的联盟力量很强，核仁是三条线所围成的三角形的中心，核仁的计算可简化为：

$$\min_{x \in I} (\max_{S \subseteq N} e(x,\ S)) = \min_{x \in I} \{\max e(x,\ \{1,2\}),\ e(x,\ \{1,3\}),\ e(x,\ \{2,3\})\}$$

由于 $\sum e(x,\ ij)$ 是常数，$e(\gamma,\ 12) = e(r,\ 13) = e(r,\ 23)$，核仁为：

$$\gamma_1 = \frac{1}{3} + \frac{1}{3}(v(\{1,2\}) + v(\{1,3\}) - 2v(\{2,3\})) = \frac{1.95}{3}$$

$$\gamma_2 = \frac{1}{3} + \frac{1}{3}(v(\{1,2\}) + v(\{2,3\}) - 2v(\{1,3\})) = \frac{0.45}{3}$$

$$\gamma_3 = \frac{1}{3} + \frac{1}{3}(v(\{1,3\}) + v(\{2,3\}) - 2v(\{1,2\})) = \frac{0.6}{3}$$

夏普利值为：

$$\Phi_1 = \frac{1}{3} + \frac{1}{6}(0.75 + 0.8 - 2 \times 0.3) = \frac{2.95}{6}$$

$$\Phi_2 = \frac{1}{3} + \frac{1}{6}(0.75 + 0.3 - 2 \times 0.8) = \frac{1.45}{6}$$

$$\Phi_3 = \frac{1}{3} + \frac{1}{6}(0.8 + 0.3 - 2 \times 0.75) = \frac{1.6}{6}$$

该夏普利值位于单纯形的几何中心（1/3，1/3，1/3）与核仁连线的中点，不在核中。

按照直观的分配方法，三人的分配比例为 0.625 : 0.125 : 0.175，根据核仁的分配比例为 1.95/3 : 0.45/3 : 0.6/3，根据夏普利值的分配比例为 2.95/6 : 1.45/6 : 1.6/6，三种分配的比例并不一致。

② 假设 $x_1 + x_2 = 0.8$，$x_1 + x_3 = 0.85$，$x_2 + x_3 = 0.45$，三条直线围合成的三角形是"影子核"，如图 3.7，核仁位于"影子核"的中心。根据上述算法，其核仁分别为：$\gamma_1 = 1.75/3$，$\gamma_2 = 0.55/3$，$\gamma_3 = 0.7/3$，夏普利值分别为：$\Phi_1 = 2.75/6$，$\Phi_2 = 1.55/6$，$\Phi_3 = 1.7/6$，也不在"影子核"中。

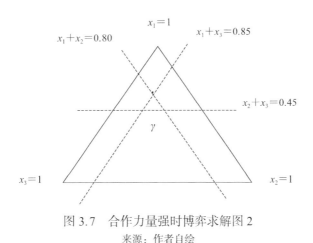

图 3.7　合作力量强时博弈求解图 2
来源：作者自绘

从上面的核、核仁、夏普利值等不同解的结果可以看出，不同的分配方法和分配观念带来不同的分配结果。夏普利值适合多劳多得的分配方法，而核仁更适合平均主义的分配方法。由于必须有总承包商参加才能成功，所以，总效益的大部分按照 Shapley 值来分配应该归总承包商获得，实际在项目合作中，由于谈判力大小的差异，预制件供应商并不会在联合剩余中的分配中完全平均。

（2）当总承包商与供应商合作力量较弱时，即 $v(ij) \leqslant 1/3$ 时，两人联盟给各方带来的剩余不会超过各单方的剩余，核仁的计算可简化为：

$$\min_{x \in I}(\max_{S \subseteq N} e(x, S)) = \min_{x \in I}\{\max e(x, \{1\}), e(x, \{2\}), e(x, \{3\})\}$$

由于 $\sum e(x, ij)$ 是常数，由 $e(\gamma, 1) = e(r, 2) = e(r, 3)$ 可得到 $\gamma = \left(\dfrac{1}{3}, \dfrac{1}{3}, \dfrac{1}{3}\right)$。

3.4　工业化建筑供应链合作的动力协同机理

3.4.1　工业化建筑供应链合作的协同动力分析

最早提出协同学的是原联邦德国的科学家哈肯，协同学是通过系统内部子系统间的协同作用使得系统结构从无序到有序结构转变的机理和规律的学科。它研究子系统间如何通过合作产生宏观的空间、时间或功能结构，即通常所说是如何形成自组织的。通过子系统间的相互作用，会推进整个系统产生一种新的性质，而这种性质在各自的子系统中可能并不是全部具备的。

动力通常是指对系统形成和发展的一切有利因素。自组织演化的动力来源于系统内各子系统之间的竞争和合作，而不是外部指令。供应链合作是通过合作提升竞争力和创造更多价值，是系统演化的基本动力。供应链合作系统是复杂系统，包含大量子系统，在外界的物质、信息和能量的基础上相互影响、相互作用，通过有效合作形成与竞争抗衡的张力并不断地放大某些优势以形成更大的优势，这是竞合共同作用的动力学模式。合作整体系统、子系统以及各要素在物质、信息和能量方面的交换过程中存在着非线性的复杂关系，使得各要素或子系统之间的相互作用不再是简单的功能数量叠加，而是"耦合"成全新的系统整体效应。

协同学中，系统的有序或高级有序的方式称之为"自组织"，基于自组织的供应链合作的内在动力。供应链合作的自组织是指在没有外力干扰下，合作系统内的企业之间以及系统与环境之间相互作用使得各独立企业形成整体系统，并通过系统内各要素、各子系统之间的竞争与协作而使系统出现有序活动，产生整体效应，这个过程是系统自行演化的自主由无序走向有序的过程。供应链系统本身具有自组织的特性。合作过程中不断将动力要素转化为显性竞争优势是供应链合作中价值创造的内在逻辑。

1. 工业化建筑供应链合作系统自组织演化的条件分析

（1）开放性。开放性是自组织系统形成和演化的必要条件。工业化建筑供应链合作系统通过对内开放，使得子系统内部及各要素自由流动，通过对外开放，使得子系统或各要素之间或与外界环境间进行物质、能量、信息的交换，来保证系统自组织的稳定运行。

（2）非平衡性。当系统处于非平衡态时，通过不断地与外界进行能源、信息、资源等的交换，形成势能差，且状态参量也随时间不断变化，促使系统从无序走向有序，即"非平衡是有序之源"。工业化建筑供应链合作系统中，供应链节点企业在技术创新、市场能力、资源整合等方面均存在较大差异，各子系统的运行受变化市场环境的影响均存在较大的复杂性，企业间的资源配置和要素流动并不能完全自由化，表现出非平衡性的特征。

（3）非线性作用。线性作用无法产生整体涌现性，通过系统的非线性耦合效应，才能促进结构的演化而产生新的结构。工业化建筑供应链系统在政府引导、产业结构调整、企业业务范围调整等作用下推动节点企业实现资源互补和优势整合，形成功能耦合的整体系统，形成正向反馈；当系统发展受外界环境影响或进入系统的饱和状态时，系统趋于稳定，形成负反馈。二者交互作用，推动系统自我创新，进入更高一级的有序系统。

（4）随机涨落性。涨落表现为系统对其稳定状态的偏离，系统并不是一直处于精确的某个平均值上，会或多或少地有些偏差，涨落瓦解了系统的稳定状态，它具有动态随机的特性，并在状态临界点处导致新系统的建立。即"涨落导致有序"。工业化建筑供应链合作系统的涨落是其子系统及要素由于信息传递的失真、供应链合作伙伴的退出、产品供应的及时性、市场需求的变化等都会对系统产生偏离。

2. 工业化建筑供应链合作系统的序参量分析

序参量（Order Parameter）是表示系统有序性程度的变量，反映系统的有序结构和类型，支配子系统的协同行为。在系统的自组织演化中，各子系统或要素的序参量对整个系统的影响不均衡，通过对子系统的役使作用，支配者系统演化的方向。序参量产生于系统内部的竞争和协同，在系统变化的临界点处，序参量是系统中不稳定的长寿命的慢变量，支配稳定的短寿命的快变量，对系统的有序走向起着决定性作用。在供应链合作的过程中，不同序参量之间相互支持、相互制约，他们之间的竞争与合作会推动供应链合作系统从无序向有序转变。

根据序参量原理，在工业化建筑供应链合作的不同阶段，必然存在着某些占主导地位的序参量支配者合作活动的有序推进。演化是指系统的结构、状态、行为、功能等随着时间发生变化的一种不可逆的运动形态。在供应链企业合作演化过程中，各参与主体相互干扰、排斥又相互促进、互补，应努力放大系统的合作能力，在由合作竞争导致的非平衡状态下，使得某些利于合作的要素形成序参量，引导系统自动向合作演化。

利益趋同是供应链合作系统汇总的主要序参量，决定着供应链合作的价值取向和目标定位，并支配供应链合作系统的协作。序参量通过役使原理决定各子系统的行为，役使原理认为有序结构是有少数"慢变量"支配的。在供应链合作的自组织演进过程中，还存在其他多种序变量。

3. 工业化建筑供应链合作系统的控制参量分析

工业化建筑供应链合作系统中的控制参量有很多，把"慢变量"——影响系统有序的关键因素即称为序参量，而"快变量"——影响系统有序的非关键因素称为控制参量。这些控制变量可能包括：资源整合能力、信息共享程度、利益分配系数、信任程度等，随着控制变量的不断变化，当达到一定的临界点时，子系统之间的关联成为主导和协同作用，带来新的系统结构和类型。

（1）资源整合能力。企业寻求合作的最重要的原因之一是进行资源整合，实现优势资源高效、快速整合与控制，达到资源的最优配置来提高供应链效率。

（2）信息共享程度。充分的信息共享能保证供应链在自组织系统运行中解决信息不对称问题，降低参与方的道德风险和机会主义行为。

（3）利益分配系数。合作的目的是为了获得整体利益大于各单独利益之和的效果，利益分配的公平与否会对节点企业的长期利益、合作意愿等产生直接关系。

（4）信任程度。信任是供应链成员企业间合作的基础和关键。良好的信任关系能减少合作的交易成本，提高供应链的整体效益和市场反应速度，并有利于建立长期的合作关系。

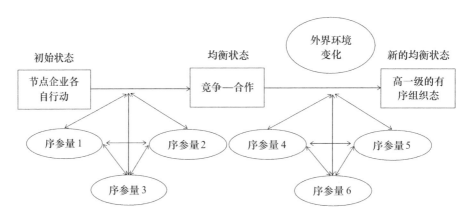

图 3.8　工业化建筑供应链序参量影响系统自组织演化过程

来源：作者自绘

3.4.2 工业化建筑供应链合作系统的自组织演化模型分析

1. 工业化建筑供应链合作系统的自组织演化模型构建

用下面的自组织运动方程来表示子系统的状态变化及它们之间的相互作用。

$$\frac{\mathrm{d}p_1}{\mathrm{d}t} = -k_1 p_1 + h_1(p_2, p_3) + f_1(m_1, m_2, m_3, m_4) + F_1(t)$$

$$\frac{\mathrm{d}p_2}{\mathrm{d}t} = -k_2 p_2 + h_2(p_2, p_3) + f_2(m_1, m_2, m_3, m_4) + F_2(t) \quad (3.12)$$

$$\frac{\mathrm{d}p_3}{\mathrm{d}t} = -k_3 p_3 + h_3(p_2, p_3) + f_3(m_1, m_2, m_3, m_4) + F_3(t)$$

式（3.12）中：p_1、p_2、p_3 分别表示子系统的三种状态；a_1、a_2、a_3 分别表示 p_1、p_2、p_3 的变化率；h_1、h_2、h_3 分别表示状态变量间的相互作用对状态变量 p_1、p_2、p_3 变化率影响的大小；m_1、m_2、m_3、m_4 表示供应链的控制参量；f_1、f_2、f_3、f_4 分别表示控制参量对 p_1、p_2、p_3 的变化率影响的大小；$F_1(t)$、$F_2(t)$、$F_3(t)$ 表示随机涨落力；t 表示时间。涨落力随着时间变化，可正可负，其平均值为 0。

本章用朗之万方程来描述工业化建筑供应链合作演化：

$$\begin{cases} \frac{\mathrm{d}p_1}{\mathrm{d}t} = [f_1(m_1, m_2, m_3, m_4) - \eta_1]p_1 - \varepsilon p_1^2 - \beta_1 p_1 p_2 + F(t) \\ \frac{\mathrm{d}p_2}{\mathrm{d}t} = [f_2(m_1, m_2, m_3, m_4) - \eta_2]p_2 + \beta_2 p_1^2 \quad (3.13) \\ \frac{\mathrm{d}\zeta}{\mathrm{d}t} = \alpha_1 p_1 + \alpha_2 p_2 + \alpha_3 \zeta + \alpha_4 p_1 p_2 \end{cases}$$

式中：$f_1(m_1, m_2, m_3, m_4)$ 表示控制参量对序参量 p_1 的影响程度；η_1、η_2 是阻尼系数；β_1 表示序参量 p_1、p_2 之间相互作用力系数；β_1 表示 p_1 和 p_2 的相互关系程度；ζ 表示序参量 p_1 的衰减系数；$f_2(m_1, m_2, m_3, m_4)$ 表示控制参量对序参量 p_2 的影响程度；α_1 表示 p_1 对系统演化的影响程度；α_2 表示 p_2 对系统演化的影响程度；α_3 表示子系统对整体系统的影响程度；α_4 表示 β_1 和 β_2 对系统演化的影响程度；$F(t)$ 表示系统的随机涨落。

公式（3.13）中的前两个方程描述了 p_1 和 p_2 对供应链合作系统演化的影响过程，第三个方程描述了 p_1 和 p_2 等两个序参量是如何作用于子系统的。

2. 工业化建筑供应链合作系统的自组织演化模型求解

在供应链合作系统协同演化的过程中，如果系统内部没有变化，且序参量也没有改变时，此时系统处于均衡状态。公式（3.13）中各方程满足条件，在模型分析中，需要找到满足此条件的均衡点（0，0，0）来研究系统在不同均衡状态的动态演化。

令公式（3.13）中的每个方程均等于 0，得：

$$[f_1(m_1, m_2, m_3, m_4) - \eta_1]p_1 - \varepsilon p_1^2 - \beta_1 p_1 p_2 + F(t) = 0$$

$$[f_2(m_1, m_2, m_3, m_4) - \eta_2]p_2 + \beta_2 p_1^2 = 0$$

$$\alpha_1 p_1 + \alpha_2 p_2 + \alpha_3 \zeta + \alpha_4 p_1 p_2 = 0$$

对上述式中的 3 个方程分别求 p_1、p_2、ζ 的偏导数，得到其特征矩阵：

$$\begin{vmatrix} \alpha_3 & \alpha_1 + \alpha_4 p_2 & \alpha_2 + \alpha_4 p_1 \\ 0 & (f_1 - \eta_1) - 2\varepsilon p_1 - \beta_1 p_2 & -\beta_1 p_1 \\ 0 & 2\beta_2 p_1 & f_2 - \eta_2 \end{vmatrix}$$

在均衡点（0，0，0）处 p_1、p_2 没有变化，得到特征方程：

$$\begin{vmatrix} \lambda - \alpha_3 & \alpha_1 & \alpha_2 \\ 0 & \lambda - (f_1 - \eta_1) & 0 \\ 0 & 0 & \lambda - (f_2 - \eta_2) \end{vmatrix}$$

解得特征根：

$$\lambda_1 = \alpha_3; \quad \lambda_2 = f_1 - \eta_1; \quad \lambda_3 = f_2 - \eta_2$$

根据微分方程的定性理论，方程特征根的正负决定了方程的稳定性。特征根的实部是负数时，系统的平衡点是稳定的；特征根的实部若有一个为正，则系统的平衡点即是不稳定的。下面根据特征根 λ_1、λ_2、λ_3 的正负值，分别进行讨论。

（1）$\alpha_3 < 0$，$f_1 < \eta_1$、$f_2 < \eta_2$ 时，同时满足特征根 λ_1、λ_2、λ_3 均小于 0，系统处于均衡状态，任何从 0 均衡点或附近出发的轨线最终均收敛趋向于均衡点（0，0，0）。这表明子系统对整体系统的影响作用很弱，且各控制变量对序参量的影响较小，而且序参量 p_1、p_2 还不能对系统状态产生突变影响。反映了供应链成员企业的合作初期，各资源整合或各协同作用还未完全发挥出来，整个供应链的超额利益还未明显体现出来。供应链合作系统还处于低级状态，随机涨落力的存在还不足以打破系统的平衡态。

（2）若 $\alpha_3 < 0$，$f_1 < \eta_1$、$f_2 < \eta_2$ 中至少有一个不满足，（或 $\alpha_3 > 0$、$f_1 > \eta_1$、$f_2 > \eta_2$ 中至少有一个满足）或特征根 λ_1、λ_2、λ_3 中至少有一个是正值，说明供应链合作系统处于不稳定状态，控制变量或外界环境发生小的随机涨落也会引起系统内部极大的变动，促进系统发生结构性的变化，系统的自组织演化为高一级的稳定状态。

（3）若 $\alpha_3 = 0$、$f_1 = \eta_1$、$f_2 = \eta_2$ 中至少有一个满足，或特征根 λ_1、λ_2、λ_3 是至少有一个为 0，则表明供应链合作系统出现分叉点或均衡状态的临界点。各子系统间配合更加畅通，协作程度加强。

3.5　小　　结

本章主要分析工业化建筑供应链合作的动力机制，首先分析合作的动力要素，供应链合作系统的核心动力是利益趋同，降低交易成本、获得超额合作利益、完成共同目标是驱使供应链节点企业进行合作的根本动力。产业拉动、市场推动、资源驱动、制度导向等是在外界产业及市场大环境、企业内部整合需求、政府政策的影响下对供应链合作的具体推动力。其次，以总包商和预制部件供应商的合作为例，从溢出效应、合作创新收益与成本分配、风险成本、创新补贴等方面研究其合作创新的演化博弈机理。研究表明，合作初期总承包商应对供应商的创新成果进行补贴。随着合作的深入，存在最优的合作收益分配系数和风险损失减少值的最优分配系数，使得供应链节点企业向合作的方向演化。再次，合作的动力还应来源于如何进行合作收益的分配，应用合作博弈模型以总包商和供应商的合作利益分配为例，从总包商与供应商的合作力量的强弱两个方面考察核、核仁、夏普利值等不同解的结果，表明不同的分配方法和分配观念能带来不同的分配结果。最后，以协同学理论为基础，对工业化建筑供应链合作系统自组织演化的条件进行了分析，包括开放性、非平衡性、非线性、随机涨落性，并建立了影响系统走向有序的序参量分析模型，通过自组织演化模型分析了系统演化的过程。

第4章 工业化建筑供应商合作伙伴选择

供应链合作过程涉及建设项目合同前阶段直至项目后合同阶段等由不同的过程和活动组织起来的网络，集成了生产、采购和交付建筑的材料、组件和服务。在这个过程中，选择参与项目的合作伙伴对项目的成功交付至关重要，未能决定合适的合作伙伴将可能会带来项目的延迟、成本超支或利润减少。在工业化建筑供应链中，以总承包商为核心的供应链相关的预制部品部件、材料、设备供应商较多，相对于传统建筑供应链而言，预制部品部件供应商是工业化建筑供应链中新增的占有较大比重的重要成员企业，故此本章对于供应商合作伙伴选择的指标体系和选择方法是针对预制部品部件的供应商而言的。

4.1 供应链合作伙伴选择方法的理论概述

工业化建筑的推广进程中的瓶颈主要集中在合作协同问题、创新问题、市场问题、产业链整合等问题。1998年一项对美国750位CEO的调查显示，合作伙伴选择部分在战略合作联盟经验中最为薄弱的。合作失败的重要原因之一是没有选择专业能力等各方面出色的合作伙伴。基于资源的观点，合作的目的有两个：一是得到其他公司的资源；二是维护自己有价值的资源。衡量一个企业是否能成为合作伙伴，首先要看这个企业与本公司是否具有相容性，其次看这个企业是否具有能力，最后看这个企业能投入什么。选择合适的合作伙伴是建设项目成功的关键，综合考虑合作伙伴能力的评价指标和选择方法显得尤为重要。

Lee et al. 应用AHP模型进行绿色合作伙伴选择，并结合6个主要属性和23个子属性构建了它们的评级标准。因为较少的属性被包含在每一个主要的属性，而更多的属性位于更高的层次中，所以易为决策者应用。结合模糊多属性效用理论和多目标规划技术，Kannan et al. 提出一种综合的办法来选择最佳的绿色供应商。Chong Wu结合网络分析法（Analytic Network Process，ANP）和多目标规划（Multi-Objective Programming，MOP）提出了一种既能高效减少对环境的不利影响、又能最大化经营业绩的建筑供应链绿色合作伙伴的选择方法。陈小波采用客观赋权的变异系数法确定评价指标的权重系数，应用多目标决策最佳优化妥协模型进行工业化住宅预制构件供应商的选择。罗福周等构建了包含企业层、项目层和企业关系层共 3 个层次 11 个指标的大型复杂项目战略联盟合作伙伴评价指标体系，构建基于 AHP 和信息熵组合赋权的灰色关联度评价模型。梁家强等选取了互补指标、兼容指标、承诺指标、风险指标、合作指标和关系指标等评价指标提出了一个基于证据理论的战略联盟合作伙伴选择评价模型。刘林舟等从共生单元视角对产业联盟合作伙伴选择问题进行多目标分析，应用 AHP 方法把产业联盟合作伙伴的选择评价体系综合考虑合作伙伴的表面实力和产业联盟的内在实力而分为 3 个层次 10 个指标。宋波等提出了在满足决策个体满意度水平的基础上，使 PPP 基础设施建设项目中群体联合满意度极大化作为群决策的规则，基于多目标群决策的迭代算法，分析了政府公共部门在 PPP 基础设施建设项目招标过程中合作伙伴的选择。晏永刚从项目、能力、关系三个层面建立了巨项目组织联盟合作伙伴的评价指标体系，运用云模型及云的单规则不确定性推理来量化指标因子水平，进而应用灰色关联度理论进行综合评价。卢志刚等将企业的声誉作为有效的识别信息，选择企业声誉稳定性、企业与盟主企业的声誉拟合度以及供应链总体声誉最大化 3 个评价指标利用遗传算法进行求解供应链合作伙伴的最优选择。

上述评价方法的探讨和应用对合作伙伴的选择提供了较好的理论支持，但在评价指标体系的构建时更多地侧重于合作中积极因素的影响，没有考虑到可能的消极因素，在评价结论中偏重于得出唯一性结论，对于复杂项目合作伙伴选择而言，评价方法带来的唯一性结论过于单一，且目前针对工业化建筑供应链合作伙伴的评价指标体系没有构建完成以及对其相应的评价方法的研究较少，基于此，本章拟从理论和实践两个角度通过建立综合积极和消极双方面因素的评价指标体系，进而通过多方法组合和比较的形式建立工业化建筑项目合作伙伴选择模型。

4.2 基于 BOCR-FAHP-MTOPSIS 供应商合作伙伴评价方法

4.2.1 FAHP 方法

T.L. Saaty 在 1976 年率先提出了层次分析法（AHP），AHP 模型假设是单向的分层关系，它分解决策问题到几个层次中（目标、准则、方案），顶层代表决策模型的总体目标，将目标分解为多个目标或准则，进而分解为多指标的若干层次，AHP 模型的层次结构可以使决策者根据制定的准则和子准则，系统地可视化要解决的问题。AHP 本质上是一种易于使用、简单、强大的方法，可以处理现实世界的复杂问题。但是 AHP 方法是基于清晰的判断。然而，在现实世界中，因人类偏好都有一定程度的不确定性而很难做出准确的判断，对决策者来说是使用语言而不是数字来评价标准或候选方案。因此，模糊层次分析法（Fuzzy Analytic Hierarchy Process，FAHP）已被各种研究人员利用，是在选择或判断候选方案时利用模糊集理论和层次结构分析的概念进行系统分析，以有效地捕捉人类的看法和不确定性。

在度量模糊性的程度时 Chang 的方法是最流行的和首选的，采用三角模糊数（Triangular Fuzzy Numbers，TFNs）对评价指标和候选方案进行语言得分，他引入程度分析法（Extent Analysis Method，EAM）对合成程度值进行成对比较。相比其他模糊层次分析法的方法，EAM 方法的步骤是相对容易，耗时少，同时它可以克服传统的层次分析法的不足之处。这种方法不仅可以充分处理人类决策过程中固有的不确定性和不精确性，还可以提供决策者理解决策问题时需要的鲁棒性和灵活性。本章的研究选择了 EAM 方法，主要参考文献，简要的介绍如下：

设 $X = \{x_1, x_2, \cdots, x_n\}$ 是方案集，$U = \{u_1, u_2, \cdots, u_m\}$ 是目标集，根据 EAM，对每个方案针对每个目标进行程度分析。对 m 个目标下的程度分析值表示为：

$$M_{g_i}^1, M_{g_i}^2, \cdots, M_{g_i}^m, \quad i = 1, 2, \cdots, n$$

所有的 $M_{g_i}^j (j = 1, 2 \cdots m)$ 可以用三角模糊数 $P(p^-, p, p^+)$ 表示，三个数依次表示为最小可能值、最有可能值、最大可能值。

EAM 方法确定的第 m 个目标的第 i 个规则的模糊合成度的值用式（4.1）表示。

$$S_i = \sum_{j=1}^{m} M_{g_i}^j \otimes \left[\sum_{i=1}^{n} \sum_{j=1}^{m} M_{g_i}^j \right]^{-1} \tag{4.1}$$

其中：$M_{g_i}^j = [M_{ij}^-, M_{ij}, M_{ij}^+]$；$\sum_{j=1}^{m} M_{g_i}^j = \left(\sum_{j=1}^{m} M_{ij}^-, \sum_{j=1}^{m} M_{ij}, \sum_{j=1}^{m} M_{ij}^+ \right)$；

$$\left[\sum_{i=1}^{n} \sum_{j=1}^{m} M_{g_i}^j \right]^{-1} = \left(1 / \sum_{i=1}^{n} \sum_{j=1}^{m} M_{ij}^+, \ 1 / \sum_{i=1}^{n} \sum_{j=1}^{m} M_{ij}, \ 1 / \sum_{i=1}^{n} \sum_{j=1}^{m} M_{ij}^- \right)$$

两个三角模糊数 $S_1(s_1^-, s_1, s_1^+)$ 和 $S_2(s_2^-, s_2, s_2^+)$ 进行比较，见图 4.1。当 $s_1^- \geqslant s_2^-$，$s_1 \geqslant s_2$，$s_1^+ \geqslant s_2^+$ 时，$V(S_i \geqslant S_j)$ 可以根据式（4.2）计算：

$$V(S_2 \geqslant S_1) = hgt(S_1 \cap S_2) = \mu_{s_i}(d) = \frac{s_1^- - s_2^+}{(s_2 - s_2^+) - (s_1 - s_1^-)} \tag{4.2}$$

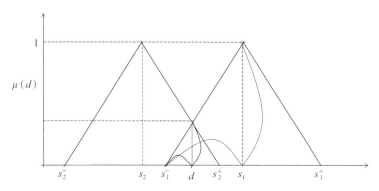

图 4.1 两个三角模糊数 S_1、S_2 的比较关系图

来源：作者自绘

其中 d 是 μ_{s_1} 和 μ_{s_2} 之间最高的交点坐标。一个模糊数大于其他 k 个凸模糊数 S_i（$i = 1, 2 \cdots k$）的可能度表示为式（4.3）：

$$V(S \geqslant S_1, S_2, \cdots S_k) = \min V(S \geqslant S_i),\ i = 1, 2, \cdots, k \qquad (4.3)$$

设 $d'(A_i) = \min V(S_i \geqslant S_k)$，$k = 1, 2, \cdots, n$；$k \neq i$。可得出权重向量，如式（4.4）所示。

$$W' = (d'(A_1),\ d'(A_2),\ \cdots,\ d'(A_n))^T \qquad (4.4)$$

标准化后得到标准化的权重向量用式（4.5）表示。

$$W = (d(A_1),\ d(A_2),\ \cdots,\ d(A_n))^T \qquad (4.5)$$

4.2.2 BOCR 方法

在复杂项目的决策中，有时需要考虑相对标准，如利益（Benefits）对应成本（Costs），机会（Opportunities）对应风险（Risks）。基于此，Saaty 提出了综合 BOCR 标准的候选方案的选择模型，模型中包括一个乘法和一个加减法公式，后者可以产生一个负向的候选方案优选排序。Saaty 进一步提出了 4 种方式获得的候选项目的整体排序方法：加法、概率加法、减法和乘法，并用于评估 2000 年美国国会在与中国的贸易关系中的 4 种选择，以验证这 4 种方法相结合的优先性。

基于 BOCR 不同标准的复合权重的综合集成方法一般有以下 5 种，分别见式（4.6）～式（4.10）：

（1）加法算法：

$$P_i = bB_i + oO_i + c\left(1/C_i\right)_{\text{Normalized}} + r\left(1/R_i\right)_{\text{Normalized}} \qquad (4.6)$$

（2）概率加法算法：

$$P_i = bB_i + oO_i + c\left(1 - C_i\right) + r\left(1 - R_i\right) \qquad (4.7)$$

（3）减法算法

$$P_i = bB_i + oO_i - cC_i - rR_i \qquad (4.8)$$

（4）幂算法

$$P_i = B_i^b + O_i^o + \left[(1/C_i)_{\text{Normalized}} \right]^c + r \left[(1/R_i)_{\text{Normalized}} \right]^r \qquad (4.9)$$

（5）乘法算法

$$P_i = B_i O_i / C_i R_i \qquad (4.10)$$

4.2.3　TOPSIS 及 M–TOPSIS 方法

1. 逼近理想解的排序方法（TOPSIS）

Hwang and Yoon 最早提出了 TOPSIS 方法。TOPSIS 是借助多属性问题的理想解和负理想解给各备选方案进行排序的一种方法。备选方案的被定义为一个 n 维欧氏空间，每种备选方案均代表了这个空间的一个点。为了能够定义正负理想解，一个基本的假设是，每个属性的特点是单调递增或递减的效用。然后分别计算各方案与正负理想解之间的欧式距离。与正理想解最近且与负理想解距离最远的方案即为最优方案，并可以据此排定各备选方案的优劣顺序。TOPSIS 方法一般包括六个步骤：

步骤 1：建立一个标准化的决策矩阵。让 Y 表示一个标准化的决策矩阵能反映出备选方案的相对绩效，用式（4.11）表示。

$$Y_{ij} = \frac{y_{ij} - \min(y_{ij})}{\max(y_{ij}) - \min(y_{ij})} \qquad i = (1, 2 \cdots n; \; j = 1, 2 \cdots m) \qquad (4.11)$$

y_{ij} 表示相对于第 j 个规则第 i 个备选方案的绩效评价值。

对于成本规则，用式（4.12）表示。

$$Y_{ij} = \frac{\max(y_{ij}) - y_{ij}}{\max(y_{ij}) - \min(y_{ij})} \qquad i = (1, 2 \cdots n; \; j = 1, 2 \cdots m) \qquad (4.12)$$

步骤 2：计算权重决策矩阵。Z 代表权重决策矩阵，则：

$$Z = (z_{ij})_{m \times n} = (\omega_j \cdot y_{ij})_{m \times n}, \; i = 1, 2 \cdots n; \; j = 1, 2 \cdots m \qquad (4.13)$$

ω_j 是第 i 个规则的权重。

步骤 3：根据权重决策矩阵确定正理想解（PI）和负理想解（NI），用式（4.14）、式（4.15）表示。

$$PI = \{(\max d_j | j \in S) \text{ 或 } (\min d_j | j \in S') | j = 1, 2 \cdots m\} = (d_1^+, d_2^+ \cdots d_m^+) \quad (4.14)$$

$$NI = \{(\min d_j | j \in S) \text{ 或 } (\max d_j | j \in S') | j = 1, 2 \cdots m\} = (d_1^-, d_2^- \cdots d_m^-) \quad (4.15)$$

S 是与收益相关的指标，S' 是与成本相关的指标。

步骤 4：测量每个备选方案与正理想解和负理想解的距离。在这项研究中使用的欧氏距离（Euclidean Distance）的方法。让 d_j^+ 和 d_j^- 代表从 PI 和 NI 与备选方案的距离，用式（4.16）、式（4.17）表示。

$$d_j^+ = \sqrt{\sum_{i=1}^{n}(d_{ij} - d_i^+)^2}, \ j = 1, 2 \cdots m \tag{4.16}$$

$$d_j^- = \sqrt{\sum_{i=1}^{n}(d_{ij} - d_i^-)^2}, \ j = 1, 2 \cdots m \tag{4.17}$$

步骤 5：计算每个备选方案与理想解的相对贴近度。让 RS 表示一个 S 维的列向量来描述理想解与方案的相对贴近度，用式（4.18）表示。

$$RS_j = \frac{d_j^-}{d_j^+ + d_j^-}, \ j = 1, 2 \cdots m \ \text{且} \ 0 \leqslant RS_j \leqslant 1 \tag{4.18}$$

步骤 6：排列方案的优先顺序：按照 C_i 由大到小排列，前面的优于后面的。

2. 改进的 TOPSIS（M-TOPSIS）方法

任力锋等认为传统的 TOPSIS 法存在着逆序问题，即当增加或删除一个或多个备选方案后，会带来备选方案的排序颠倒；而且最终得到的理想解与方案的贴近度仅能反映备选方案内部的相对贴近程度，并不能表示出于最优方案的贴近度。任力锋提出了一种创新的改进的 TOPSIS（M-TOPSIS）方法，首先计算出每个备选方案与正负理想解的距离，然后构建一个由距离值标示的坐标平面并设定"最优理想参考点"，最后，根据计算出每个备选方案与最优理想参考点的相对距离来确定每个备选方案的排序。具体步骤如下：

步骤 1~4 与 TOPSIS 法的步骤 1~4 相同。

步骤 5：建立 $d_r^+ - d_r^-$ 坐标平面。d_r^+ 在 x 轴，d_r^- 在 y 轴。点 (d_r^+, d_r^-) 代表每个备选方案。点 A$(\min(d_r^+), \max(d_r^-))$ 作为"最优理想参考点"（图 4.2）。根据式（4.19）计算每个备选方案到点 A 的距离。

$$RS_r = \sqrt{[d_r^+ - \min(d_r^+)]^2 + [d_r^- - \max(d_r^-)]^2}, \ r = 1, 2, \cdots, s \tag{4.19}$$

步骤 6：排序。根据 RS_r 的值对各评价对象由小到大进行排序，值越小的备选方案越优。如果有两个备选方案的 RS 值相同，$RS_y = RS_z$，$y \neq z$ 如图 4.2 所示，按式（4.20）计算 RS，具有较小的 RS 值的备选方案为优。

$$RS_r = d_r^+ - \min(d_r^+), \ r = x, y \tag{4.20}$$

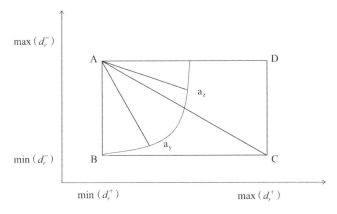

图 4.2　M-TOPSIS 方法的涵义

来源：参考文献［180］

4.2.4　基于 BOCR 的合作伙伴优选的组合方法

BOCR 方法与其他方法联合用于合作伙伴的选择的应用范围广泛。

1. BOCR 与 AHP、FAHP 的组合

BOCR 与 AHP 的组合评价方法已被应用于伊朗新闻纸产业私有化有效标准的确认和评价。Majid Azizi 采用层次分析法加上问卷调查和专家给出的成对比较矩阵值分析了加快私有化在伊朗新闻造纸业中的效益、成本、机会和风险特征，研究表明减少预算不足和国家债务、减少限制条款和过重的税收占有重要的权重。刘喜梅应用 AHP 和 BOCR 组合对风电投资项目的选择进行了综合评价。Eunnyeong Heo 使用 FAHP 和 BOCR 组合来选择韩国氢生产的最佳方法，Amy 建立了基于 FAHP-BOCR 的方法来解决中国台湾 TFT-LCD 行业中背光模组供应商的选择模型。

2. BOCR 与 ANP、FANP 的组合

网络分析法（ANP）应用系统的方法来设置目标和规则之间的优先级别，它可以衡量模型中所有有形的和无形的规则。ANP 结合依赖和反馈使用多层次的决策网络可以充分模拟组件之间的依赖（或）相互依存关系，分析相互作用，由一个单一的逻辑程序综合他们之间的相互作用。

ANP 和 BOCR 组合评价方法被用于解决多目标、多参与主体的高新技术选择、公司信息系统包括诸如企业资源规划（Enterprise Resource Planning，ERP）、制造执行系统（Manufacturing Executive Systems，MES）、客户关系管理（Customer Relation Management，CRM）等的项目选择。李春好等认为 BOCR 方法的权重来源于独立的子网络，不同的 AHP 方法对于层次间的反馈关系不能兼容，应用数据包络理论（DEA）使用摆幅置权区间估计方式来估计权重的模糊性建立了 ANP-BOCR 集成评价方法。

周晓光等考虑了 BOCR 中指标和准则的相互关系，结合 FANP 模型进行了 ERP 系统选择。Ezgi Aktar Demirtas 在研究最佳供应商选择时整合了 ANP 和多目标混合整数线性规划的方法综合考虑了有形和无形的因素，在最大化采购总价值和最小化预算和缺陷率的基础上，确定了在选定的供应商中的最佳数量。通过 ANP 计算每个供应商的优先级别，评价了 BOCR 的 14 类评价指标，把供应商的优先顺序将被用作第一个目标函数的参数。

Daji Ergu 提出了一个基于虚拟团队（Virtual Team，VT）和 BOCR、ANP 组合方法的服务类软件包的评价和选择方法，它不同于 ANP-BOCR 模型的传统应用，提出的 VT-BOCR 模型试图解决复杂的 ANP 模型和任务分解过程中过多的成对比较的问题，该模型框架没有时间、空间和人力资源的限制，还可以充分利用不同地区分散的人才优势。

3. BOCR 与模糊灰关联方法的组合

Anjali Awasthi 提出了一种多步的基于模糊 BOCR-灰色关联分析的方法用于对城市货运规章下城市物流规划合作伙伴的选择。在第一步，确定了采用 BOCR 框架合作伙伴的评价标准。在第二步，标准和合作伙伴的语言评估由一个决策委员会进行，通过模糊三角数来处理语言数据。在第三步，使用灰色关联分析技术（GRA）和 BOCR 五种评分方法对合作伙伴进行排序。选择大多数排名在前的候选人作为最优合作伙伴。李冀基于灰色聚类评估和 BOCR，通过建立瓦斯隧道安全施工评价准则体系，运用灰色理论和 AHP 方法，计算各准则和子规则的权重值用于解决瓦斯隧道安全施工决策问题。

4. BOCR 与其他方法的组合

钱小虎等应用 Choquet 积分来解决多属性指标之间的关联性和非线性可加性，建立了 BOCR- Choquet 组合方法来评价逆向拍卖中供应商。为了解决传统的柔性制造系统（Flexible Manufacturing System，FMS）中调度规则选择基于一个或几个组合的选择规则、不考虑大部分的制造系统信息、静态的选择过程等缺陷，Harun Resit Yazgan 建立了基于 BOCR 和 Choquet 积分的 ANP 模型。

4.2.5　基于 BOCR–FAHP–MTOPSIS 供应商合作伙伴的组合优选方法

BOCR 方法对候选方案选择时不仅可以考虑积极因素的指标影响，同样可以考

89

虑消极因素的指标影响。BOCR 方法的主要优点体现在：第一是 BOCR 方法能够克服层次分析法中评价指标难以选择的缺点。选择合适的评价因素是层次分析法研究人员面临的主要困难之一。尤其是在以前没有研究，或有没有类似经验的领域内选择因素是更加困难的。第二是 BOCR 方法能够综合考虑消极的评价指标。在一个决策问题，层次分析法往往倾向于只考虑积极的方面，而在有些决策问题中，必须考虑负向的因素，如效益—成本分析。

FAHP、FANP 方法的模糊性在对评价指标和候选方案的专家打分时能够充分考虑到不确定性因素而给出一个区间范围的打分值。FANP 方法能利用超矩阵对同一子标准系统中的影响因素进行分析，并能综合分析不同子系统之间的因素影响，是一种应用广泛、准确有效的方法。但是 Amy H.I. Lee 认为应用 ANP 的一个主要缺点是问卷太麻烦，专家通常没有耐心填写一个长的问卷调查，因此，判断的一致性可能无法满足。基于此，本章选用 FAHP 的方法。

TOPSIS 法是另一种多属性决策方法中的简单、成熟、有效的方法，也被广泛应用于供应商的选择，改进的 TOPSIS 法能够解决可能出现的候选方案排列的逆序问题。

基于上述理论的分析，本章拟采用基于 BOCR-FAHP-MTOPSIS 组合的预制部品供应商合作伙伴优选方法，具体思路是：首先应用 BOCR 方法建立工业化建筑预制部品供应商合作伙伴评价的指标体系，然后采用 FAHP 方法由专家对指标体系和合作伙伴进行评价得到相应的权重值和评价值，之后应用 BOCR 的五种综合评价得分方法和 TOPSIS 方法对候选合作伙伴进行排序，选择最大优先顺序的合作伙伴，并对排序结果进行敏感性分析。最后通过案例分析验证该方法的有效性和可行性。

4.3 预制部品供应商合作伙伴评价指标体系构建

在工业化建筑项目中，合作或联盟的形式可以有多种，如建设方可以和设计、总承包上、预制部品供应商进行长期合作，也可以仅有里面的两方或三方组成，如仅有总承包商和预制部品供应商进行长期合作。但对于预制部品部件供应商的选择和传统的材料、设备、分包商等的选择使用的评价指标应有很大不同，需要重新构建选择的评价指标体系。

合作伙伴评价指标体系的设计应遵循目的性、科学性、全面性、定量与定性相结合、可拓展性、灵活性等原则。有关合作伙伴个体的指标（硬指标）和有关伙伴关系的指标（软指标）在联盟的伙伴选择中必须综合考虑。Sheu Hua Chen 等认为合作伙伴选择指标应考虑组织的形容性（企业战略的兼容性、规模和范围的对称性、管理和组织文化、相互之间的信任和承诺）、技术能力（生产能力、产品开发和改进能力、创新和发明能力、技能应用程度）、研发资源（研发投入清单、资源在研发经验、研发人员数量、效率方面的互补程度）、财务状况（近 5 年的投资回报率、偿债备付率、盈利能力和增长潜力）等四个方面。其他研究者根据项目的特点选取了相应的评价指标，综合考虑了产品质量、成本与价格、服务、供货能力、合作意愿、研发能力、物流水平、服务水平，还包括长期合作关系、战略目标匹配度、沟通协作能力、快速反应能力、管理水平以及组织的稳定能力、应变能力、管理能力、合作意向、组织间的交往程度等指标。

对于 BOCR 中的每一个评价指标，对重要事项影响较大的单一指标评价可能会导致不合理的评价结果，应充分考虑每一个 BOCR 指标的权重进行集成综合评价。评价指标是个人和组织常用的基本标准，用以评估在日常经营中面临许多选择时应该作出何种决策。评价指标不依赖于候选方案任何特定的优先性，而是根据个人或组织对它们的目标和价值进行的评估。

通过文献调研和专家咨询并依据 BOCR 的分类规则将评价指标分为四部分，每一个标准中细分为若干个子指标，具体内容如表 4.1 所示。

对预制件供应商合作伙伴选择评价指标体系　　　　表 4.1

类型	详细指标	指标的含义	来　源
利益	H_1 质量控制	构件生产的质量可靠性；提供质量保障的能力	杨耀红；吕昳苗；Anjali
	H_2 工期配合	配合持续性交付计划的能力	Gunter；Anjali
	H_3 按时交付	按时交付的能力	杨耀红；Blismas
	H_4 供应能力	多样化产品的生产能力；大规模数量生产的能力；应急定制的反应能力	Chan；Anjali；Chen X.B
	H_5 服务能力	产品服务的响应速度和服务质量	肖建华；尹良；王要武；Blismas N；Anjali
机会	H_6 快速市场反应能力	竞争实力增强，中标风险分担，投标综合实力提高	陈红梅；肖建华；Kannan；Amy H
	H_7 创新综合实力	获得技术互补，共同研发技术与产品	晏永刚；尹良；喻金田；Kim Y.
	H_8 专业化组织管理水平	组织管理人员、专业化管理模式互补	陈红梅；吕昳苗；尹良；Ezgi A.D
	H_9 稳定的合作关系	双方良好的沟通，建立长期稳定的合作关系	陈红梅；王要武；Lee, A；Daji E.

续表

类型	详细指标	指标的含义	来　源
成本	H_{10} 生产及运输成本	生产原料的购买成本；运输网络成本	吕昳苗；Geng X.F.；Chiang, Y.H
	H_{11} 现场施工成本	现场存储成本、机械吊装、设备配合等成本	Ding Z.G；Chen X.RAmy H
	H_{12} 返修成本	构件的返修率、返修费用及对现场施工延误的影响	陈小波；Francisco；Chiang、Y.H.
	H_{13} 关系成本	合作关系的建立和维护	易欣；Chen X.R
风险	H_{14} 绩效风险	对新产品生产技术的研发能力、对市场变化技术适应能力合作未能达到既定的目标的可能性	Das and Teng；Chen X.R.
	H_{15} 关系风险	合作成员的机会主义行为	Das & Teng；Daji E
	H_{16} 管理模式、组织文化的冲突	企业间不同的管理模式和组织文化带来的冲突	易欣；喻金田；Eunnyeong H

利益准则下主要考核供应商 5 个指标，从构件产品的质量、数量、工期配合和后期服务能力方面综合考察。构件产品的质量直接影响到后期的吊装以及与其他构件的节点连接问题，工厂化生产生产能力的大小需与项目的工期配合，按时按质的交付是支撑项目顺利实施的前提。对产品质量、数量、运输、安装、返修等各过程及其他各种需求的服务能力和服务质量也是需要考察供应商的一个重点指标。

组建联盟能综合联盟各方的核心竞争力综合提升联盟的实力，能够快速应对顾客的个性化需求，共享创新研发资源，优势互补专业化管理模式，建立长期稳定的合作关系。

传统的建安工程费用的组成中，每个分部分项工程都可以按人工费、材料费、机械费进行细分，如现浇混凝土柱构件，要分别计算钢筋绑扎、模板支拆、混凝土浇筑养护的费用。而装配式预制构件的成本组成中已包括形成此构件的钢筋、模板、混凝土的费用，这些内容是在工厂中产生的综合费用。另外，大型组件的场外运输、现场存储及吊装费用是另一个影响总成本的重要因素，这部分费用是相对传统费用形成的一个增量费用。现场预制构件组装时由于尺寸不符合等原因需要返回工厂修整后重新运回安装的费用也是一个不可忽视的影响成本增加和工期延误的重要因素。

组建战略联盟的风险一般包括绩效风险和关系风险。根据 Das and Teng 的定义，绩效风险是指虽然双方进行了协作，仍有可能不能实现既定的目标，带来不利的后果。关系风险是指由于合作伙伴成员的可能的机会主义行为或协作时损害了某些成员的利益等带来了战略联盟伙伴的信赖的不确定性。对预制件供应商选择的风险指标这里细化为 3 个，绩效风险从生产技术的可靠性与供应能力的稳定性两个方面界定，生产技术可靠性包括对新产品的研发能力和对市场变化的适应能力。关系风险从管理模式和组织文化的冲突来界定。企业间不同的组织管理模式和组织文化的不协调会带来联盟合作的效率降低。

4.4 基于 BOCR-FAHP-MTOPSIS 供应商合作伙伴评价步骤

供应商合作伙伴的评价步骤可分为以下 10 步：

第 1 步：构建用于评价 BOCR 权重的 AHP 模型。建立控制层次结构模型的目的是建立用于评估这四个指标的控制准则。

第 2 步：通过两两成对比较评估每个控制准则的权重。通过专家三角模糊打分，根据程度分析法两两比较每个控制准则的权重。

第 3 步：在每个控制规则下进行 BOCR 的权重。专家对每个控制规则下的 BOCR 进行两两成对比较三角模糊打分，计算出每个规则下的 BOCR 权重 b_i、o_i、c_i、r_i，并进行规范化。

第 4 步：基于文献调查和专家意见进行 BOCR 子指标的分解和定义。在该领域的专家被要求填写九点问卷调查。三角模糊的打分方法，首先检查每个专家的比较结果的一致性。如果在专家的结果中发现不一致，专家被要求修改调查问卷的不一致部分，直到最后一个一致性是一致的。

第 5 步：评估每个子指标的权重。按照上述打分的方法，对每个子指标在各自的大指标下进行成对比较，计算各个子指标的权重。

第 6 步：计算每个供应商候选人的评价值。

第 7 步：采用 BOCR 中的常用 5 种方法合成评价值并排序。

第 8 步：采用 TOPSIS 法和 M-TOPSIS 法分别计算候选人的综合评价值并排序。

第 9 步：对于 BOCR 和 M-TOPSIS 两种方法的计算结果进行比较并选择最合适的候选人。

第 10 步：对上述两种方法分别赋予不同的权重值，进行方法的敏感性分析以验证方法的适用性。

4.5　预制部品供应商合作伙伴选择案例分析

4.5.1　案例概况

　　某房地产装配式住宅开发项目，共 15 栋住宅，其中 4 栋 11 层、11 栋 17 层以及 1 栋 2 层的公建，建筑面积合计 18.82 万 m^2。该建筑施工总承包企业在项目建设地没有自己的预制构件生产厂家，在国家大力推行工业化装配式住宅的大环境下，该总承包企业为了提高在投标报价、施工过程中的竞争力，拟从本地区选取综合实力较强的预制件供应商作为自己的框架合作伙伴。为此，该总包企业首先进行市场调研，选取了 3 家规模、声誉都较好的预制件生产企业作为候选合作伙伴，并组成了由技术组、成本组、管理组共 3 个专家小组对合作伙伴选择进行分析评价。

4.5.2　模型的应用

1. 构建用于评价 BOCR 权重的 AHP 模型

　　专家组经过综合分析认为合格供应商从构件产品质量、生产供应能力、构件单位成本、技术研发实力 4 个方面进行控制准则的选择。控制层次结构如图 4.3 所示。

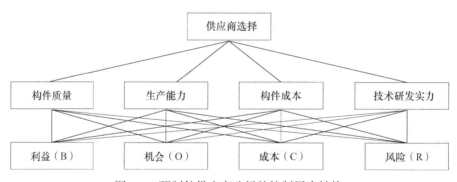

图 4.3　预制件供应商选择的控制层次结构

　　采用 Saaty 所提出的 1～9 的数量标度相对应的模糊语言变量如表 4.2、表 4.3 所示。表 4.2 对应指标评价，表 4.3 对应候选合作伙伴的评价。

指标评价的逻辑语言三角模糊数赋值　　　　表 4.2

指标评价	三角模糊数	三角模糊数的倒数
同样重要	(1, 1, 3)	(1/3, 1, 1)
稍重要	(1, 3, 5)	(1/5, 1/3, 1)

续表

指标评价	三角模糊数	三角模糊数的倒数
明显重要	（3，5，7）	（1/7，1/5，1/3）
非常重要	（5，7，9）	（1/9，1/7，1/5）
极其重要	（7，9，9）	（1/9，1/9，1/7）

对合作伙伴评价的逻辑语言三角模糊数赋值　　　　　　表 4.3

指标评价	三角模糊数	三角模糊数的倒数
同样重要	（1，1，3）	（1/3，1，1）
稍重要	（1，3，5）	（1/5，1/3，1）
明显重要	（3，5，7）	（1/7，1/5，1/3）
非常重要	（5，7，9）	（1/9，1/7，1/5）
极其重要	（7，9，9）	（1/9，1/9，1/7）

2. 评估每个控制规则的权重

三个专家组 A_1、A_2、A_3 对四种控制规则进行成对比较的三角模糊打分，得出的模糊判断矩阵分别为矩阵 A_1、A_2、A_3。

$$A_1 = \begin{vmatrix} (1,1,1) & (1,1,3) & (1,1,3) & (3,5,7) \\ (1/3,1,1) & (1,1,1) & (1/7,1/5,1/3) & (1,1,3) \\ (1/7,1/5,1/7) & (3,5,7) & (1,1,1) & (3,5,7) \\ (1/9,1/7,1/5) & (1/9,1/7,1/5) & (1/7,1/5,1/3) & (1,1,1) \end{vmatrix}$$

$$A_2 = \begin{vmatrix} (1,1,1) & (1,3,5) & (1,3,5) & (1,3,5) \\ (1/7,1/5,1/3) & (1,1,1) & (1,1,3) & (3,5,7) \\ (1/5,1/3,1) & (1/9,1/7,1/5) & (1,1,1) & (1,3,5) \\ (1/7,1/5,1/3) & (1/9,1/7,1/5) & (1/7,1/5,1/3) & (1,1,1) \end{vmatrix}$$

$$A_3 = \begin{vmatrix} (1,1,1) & (1,3,5) & (3,5,7) & (1,3,5) \\ (1/7,1/5,1/3) & (1,1,1) & (1,3,5) & (3,5,7) \\ (1/9,1/7,1/5) & (1/5,1/3,1) & (1,1,1) & (1/7,1/5,1/3) \\ (1/7,1/5,1/3) & (1/9,1/7,1/5) & (3,5,7) & (1,1,1) \end{vmatrix}$$

为了综合三个专家组的打分意见，对每个控制规则的得分，使用式（4.21）～式（4.23）进行处理后为 $D = (n^-, n, n^+)$。如对于构件质量与构件成本相比，专家的打分分别为（1，1，3）、（1，3，5）、（3，5，7），$n^- = 1.442$，$n = 2.466$，$n^+ =$

4.718，得到（1.442，2.466，4.718）。处理后的控制规则的模糊成对比较如表 4.4 所示。

$$n^- = \left(\prod_{t=1}^{s} l_t\right)^{\frac{1}{s}},\ t = 1,\ 2 \cdots s \tag{4.21}$$

$$n = \left(\prod_{t=1}^{s} m_t\right)^{\frac{1}{s}},\ t = 1,\ 2 \cdots s \tag{4.22}$$

$$n^+ = \left(\prod_{t=1}^{s} u_t\right)^{\frac{1}{s}},\ t = 1,\ 2 \cdots s \tag{4.23}$$

控制规则的模糊成对比较　　表 4.4

	构件质量	生产能力	构件成本	技术研发实力
构件质量	（1，1，1）	（1.000，2.080，4.217）	（1.442，2.466，4.718）	（1.442，3.557，5.593）
生产能力	（0.189，0.342，0.481）	（1，1，1）	（0.523，0.843，1.71）	（2.08，2.924，5.278）
构件成本	（0.143，0.200，0.333）	（0.585，1.186，1.912）	（1，1，1）	（0.754，1.442，2.268）
技术研发实力	（0.143，0.200，0.333）	（0.189，0.342，0.481）	（0.441，0.693，1.326）	（1，1，1）

应用程度分析法计算权重，根据式（4.1）～式（4.5），可计算出：

$$\sum_{i=1}^{n}\sum_{j=1}^{m} P_{g_i}^j = (1,1,1) + (1.000,2.080,4.217) + \cdots (1,1,1)$$
$$= (12.900,20.275,32.647)$$

$$\left[\sum_{i=1}^{n}\sum_{j=1}^{m} P_{g_i}^j\right]^{-1} = (1/32.647,\ 1/20.275,\ 1/12.9000) = (0.031,0.049,0.078)$$

$$\sum_{j=1}^{m} P_{g_1}^j = (1,1,1) + (1.000,2.080,4.217) + (1.442,2.466,4.718)$$
$$+ (1.442,3.557,5.593)$$
$$= (4.884,9.103,15.528)$$

$$\sum_{j=1}^{m} P_{g_2}^j = (3.792,5.109,8.469),\ \sum_{j=1}^{m} P_{g_3}^j = (2.482,3.828,5.513)$$

$$\sum_{j=1}^{m} P_{g_4}^j = (1.742,2.235,3.137)$$

判断规则的模糊合成度的计算如下：

$$F_1 = \sum_{j=1}^{m} P_{g_i}^j \otimes \left[\sum_{i=1}^{n}\sum_{j=1}^{m} P_{g_i}^j\right]^{-1} = (4.884 \times 0.031,\ 9.103 \times 0.049,\ 15.528 \times 0.078)$$
$$= (0.151,0.446,1.211)$$

96　$F_2 = (0.118,0.250,0.661);\ F_3 = (0.077,0.188,0.430);\ F_4 = (0.054,0.11,0.245)$

$$V(F_1 \geq F_2) = 1, \quad V(F_1 \geq F_3) = 1, \quad V(F_1 \geq F_4) = 1,$$

$$V(F_2 \geq F_1) = 0.722, \quad V(F_2 \geq F_3) = 1, \quad V(F_2 \geq F_4) = 1,$$

$$V(F_3 \geq F_1) = 0.520, \quad V(F_3 \geq F_2) = 0.834, \quad V(F_3 \geq F_4) = 1,$$

$$V(F_4 \geq F_1) = 0.219, \quad V(F_4 \geq F_2) = 0.476, \quad V(F_4 \geq F_3) = 0.683$$

权重向量计算如下：

$$d(F_1) = \min V(F_1 \geq F_2, F_3, F_4) = \min(1, 1, 1) = 1$$

$$d(F_2) = \min(0.722, 1, 1) = 0.722$$

$$d(F_3) = \min(0.520, 0.834, 1) = 0.520$$

$$d(F_4) = \min(0.219, 0.476, 0.683) = 0.219$$

$$W' = (d(F_1), d(F_2), d(F_3), d(F_4))^T = (1, 0.722, 0.520, 0.219)^T$$

标准化后，得到判断准则的标准权重为：

$$W = (0.406, 0.293, 0.211, 0.089)$$

3. 计算每个控制规则下 BOCR 的权重以及每个子指标的权重值

重复步骤 2 中同样的方法可以计算每个准则下、B、O、C、R 的权重和每个指标下的子指标的权重，过程略，结果如表 4.5、表 4.6 所示。

指标的权重   表 4.5

	构件质量（0.406）	生产能力（0.293）	构件成本（0.211）	技术研发实力（0.089）	标准化权重
利益	0.411	0.388	0.435	0.152	0.386
机会	0.141	0.196	0.185	0.306	0.181
成本	0.395	0.311	0.307	0.322	0.345
风险	0.053	0.105	0.073	0.222	0.087

子指标的权重   表 4.6

类　　型	子　指　标	综合权重
利益（0.386）	H_1 质量控制（0.36）	0.139
	H_2 工期配合（0.14）	0.054
	H_3 按时交付（0.20）	0.077
	H_4 供应能力（0.13）	0.050
	H_5 服务能力（0.17）	0.066
机会（0.181）	H_6 快速市场反应能力（0.42）	0.076

续表

类　　型	子　指　标	综合权重
机会（0.181）	H₇ 创新综合实力（0.20）	0.036
	H₈ 专业化组织管理水平（0.20）	0.036
	H₉ 稳定的合作关系（0.18）	0.033
成本（0.345）	H₁₀ 生产及运输成本（0.45）	0.155
	H₁₁ 现场吊装、存储等施工成本（0.27）	0.093
	H₁₂ 返修成本（0.18）	0.062
	H₁₃ 关系成本（0.10）	0.035
风险（0.087）	H₁₄ 生产技术不可靠性（0.44）	0.038
	H₁₅ 供应能力不稳定性（0.38）	0.070
	H₁₆ 管理模式和组织文化的冲突（0.18）	0.016

4. 计算每个供应商候选人的评价值

公司的三个专家组 A_1、A_2、A_3 对三个候选合作伙伴 S1、S2、S3 的评价如表 4.7 所示。

专家对候选方案的评价表　　　　　　　　表 4.7

候选人	S1			S2			S3		
专家	A_1	A_2	A_3	A_1	A_2	A_3	A_1	A_2	A_3
H₁	(7,9,9)	(7,9,9)	(1,3,5)	(1,1,3)	(7,9,9)	(5,7,9)	(5,7,9)	(3,5,7)	(3,5,7)
H₂	(1,3,5)	(7,9,9)	(5,7,9)	(1,3,5)	(1,3,5)	(5,7,9)	(3,5,7)	(5,7,9)	(5,7,9)
H₃	(5,7,9)	(5,7,9)	(1,3,5)	(5,7,9)	(1,3,5)	(1,1,3)	(7,9,9)	(5,7,9)	(1,3,5)
H₄	(5,7,9)	(1,3,5)	(5,7,9)	(5,7,9)	(1,3,5)	(3,5,7)	(3,5,7)	(7,9,9)	(3,5,7)
H₅	(1,3,5)	(5,7,9)	(5,7,9)	(5,7,9)	(5,7,9)	(3,5,7)	(5,7,9)	(3,5,7)	(3,5,7)
H₆	(3,5,7)	(5,7,9)	(1,1,3)	(5,7,9)	(7,9,9)	(1,1,3)	(7,9,9)	(3,5,7)	(7,9,9)
H₇	(3,5,7)	(3,5,7)	(1,1,3)	(1,1,3)	(1,1,3)	(3,5,7)	(5,7,9)	(7,9,9)	(1,3,5)
H₈	(1,3,5)	(3,5,7)	(1,3,5)	(7,9,9)	(1,3,5)	(7,9,9)	(1,3,5)	(7,9,9)	(5,7,9)
H₉	(7,9,9)	(1,3,5)	(7,9,9)	(3,5,7)	(1,3,5)	(7,9,9)	(3,5,7)	(3,5,7)	(7,9,9)
H₁₀	(1,3,5)	(1,3,5)	(1,3,5)	(3,5,7)	(5,7,9)	(1,3,5)	(1,1,3)	(1,3,5)	(3,5,7)
H₁₁	(1,3,5)	(3,5,7)	(3,5,7)	(5,7,9)	(3,5,7)	(5,7,9)	(3,5,7)	(1,1,3)	(3,5,7)
H₁₂	(1,3,5)	(1,3,5)	(3,5,7)	(1,3,5)	(3,5,7)	(7,9,9)	(1,1,3)	(3,5,7)	(1,1,3)
H₁₃	(1,1,3)	(1,3,5)	(1,3,5)	(5,7,9)	(3,5,7)	(1,3,5)	(1,3,5)	(3,5,7)	(3,5,7)

候选人	S1			S2			S3		
专家	A_1	A_2	A_3	A_1	A_2	A_3	A_1	A_2	A_3
H_{14}	（5，7，9）	（1，3，5）	（5，7，9）	（5，7，9）	（1，3，5）	（3，5，7）	（7，9，9）	（5，7，9）	（1，1，3）
H_{15}	（5，7，9）	（3，5，7）	（1，3，5）	（5，7，9）	（7，9，9）	（5，7，9）	（5，7，9）	（3，5，7）	（1，3，5）
H_{16}	（3，5，7）	（5，7，9）	（1，1，3）	（5，7，9）	（7，9，9）	（1，3，5）	（1，3，5）	（3，5，7）	（5，7，9）

根据式（4.24）标准化评价矩阵变换。变换后的模糊评价值如表 4.8 所示。

$$a_{ij} = \min_k \{a_{ijk}\}, \ b_{ij} = \frac{1}{k}\sum_{k=1}^{k} b_{ijk}, \ c_{ij} = \max_k \{c_{ijk}\} \qquad （4.24）$$

变换后的模糊评价值　　　　　　　　　　　　表 4.8

评价指标	候 选 人		
	S1	S2	S3
H_1	（1，7，9）	（1，5.667，9）	（3，5.667，9）
H_2	（1，6.333，9）	（1，4.333，9）	（3，6.333，9）
H_3	（1，5.667，9）	（1，3.667，9）	（1，6.333，9）
H_4	（1，5.667，9）	（1，5，9）	（3，6.333，9）
H_5	（1，5.667，9）	（3，6.333，9）	（3，5.667，9）
H_6	（1，4.333，9）	（1，5.667，9）	（3，7.667，9）
H_7	（1，3.667，7）	（1，2.333，7）	（1，6.333，9）
H_8	（1，3.667，7）	（1，7，9）	（1，6.333，9）
H_9	（1，7，9）	（1，5.667，9）	（3，6.333，9）
H_{10}	（1，3，5）	（1，5，9）	（1，3，7）
H_{11}	（1，4.333，7）	（3，6.333，9）	（1，3.667，7）
H_{12}	（1，3.667，7）	（1，5.667，9）	（1，2.333，7）
H_{13}	（1，2.333，5）	（1，5，9）	（1，4.333，7）
H_{14}	（1，5.667，9）	（1，5，9）	（1，5.667，9）
H_{15}	（1，5，9）	（5，7.667，9）	（1，5，9）
H_{16}	（1，4.333，9）	（1，6.333，9）	（1，5.667，9）

5. 采用 BOCR 中的常用五种方法合成评价值并排序

首先根据式（4.25）计算各候选合作伙伴的评价值并进行标准化，结果如表 4.9

所示，同时在表中计算出标准化后的 $1/C$ 和 $1/R$ 值以及 $1-C$ 和 $1-R$ 的值。

$$X = \frac{a + 4b + c}{6} \tag{4.25}$$

各候选人的评价值及标准化后的评价值　　　　　　　　　　表 4.9

规则	评价值			标准化后的评价值			$1/C$ 和 $1/R$（标准化后）			$1-C$ 和 $1-R$		
	S1	S2	S3	S1	S2	S3	S1	S2	S3	S1	S2	S3
H_1	6.333	5.445	5.778	0.361	0.31	0.329						
H_2	5.889	4.555	6.222	0.353	0.273	0.373						
H_3	5.445	4.111	5.889	0.353	0.266	0.381						
H_4	5.445	5.000	6.222	0.327	0.3	0.373						
H_5	5.445	6.222	5.778	0.312	0.357	0.331						
H_6	4.555	5.445	7.111	0.266	0.318	0.416						
H_7	3.778	2.889	5.889	0.301	0.23	0.469						
H_8	3.778	6.333	5.889	0.236	0.396	0.368						
H_9	6.333	5.445	6.222	0.352	0.303	0.346						
H_{10}	3.000	5.000	3.667	0.257	0.429	0.314	0.414	0.248	0.339	0.743	0.571	0.686
H_{11}	4.222	6.222	4.111	0.29	0.427	0.282	0.369	0.251	0.38	0.71	0.573	0.718
H_{12}	3.778	5.445	2.889	0.312	0.45	0.239	0.333	0.231	0.435	0.688	0.55	0.761
H_{13}	2.555	5.000	4.222	0.217	0.425	0.358	0.472	0.241	0.286	0.783	0.575	0.642
H_{14}	5.445	5.000	5.445	0.343	0.315	0.343	0.324	0.353	0.324	0.657	0.685	0.657
H_{15}	5.000	7.445	5.000	0.287	0.427	0.287	0.374	0.252	0.374	0.713	0.573	0.713
H_{16}	4.555	5.889	5.445	0.287	0.371	0.343	0.383	0.296	0.321	0.713	0.629	0.657

根据式（4.6）～式（4.10），对于 5 种方法下每个候选人的 BOCR 得分及排名如表 4.10 所示。

候选人的 BOCR 得分及排名　　　　　　　　　　表 4.10

得分方法	S1	S2	S3	排序
加法	0.365	0.294	0.377	S3 > S1 > S2
概率加法	0.522	0.446	0.537	S3 > S1 > S2
减法	0.053	−0.023	0.068	S3 > S1 > S2
幂算法	0.336	0.279	0.374	S3 > S1 > S2
乘法	0.214	0.012	0.561	S3 > S1 > S2

6. 采用 TOPSIS 法计算候选人的综合评价值并排序

对于上述指标权重和候选合作伙伴的评价值得分，根据式（4.11）～式（4.17）计算各候选合作伙伴的评价值以及最优最劣解，如表 4.11 所示。

加权标准化后的模糊决策矩阵 表 4.11

	候 选 人			最优解	最劣解
	S1	S2	S3		
H_1	0.050	0.043	0.046	0.050	0.043
H_2	0.019	0.015	0.020	0.020	0.015
H_3	0.027	0.020	0.029	0.029	0.020
H_4	0.016	0.015	0.019	0.019	0.015
H_5	0.021	0.024	0.022	0.024	0.021
H_6	0.020	0.024	0.032	0.032	0.020
H_7	0.011	0.008	0.017	0.017	0.008
H_8	0.008	0.014	0.013	0.013	0.008
H_9	0.012	0.010	0.011	0.012	0.010
H_{10}	0.040	0.066	0.049	0.040	0.066
H_{11}	0.027	0.040	0.026	0.026	0.040
H_{12}	0.019	0.028	0.015	0.015	0.028
H_{13}	0.008	0.015	0.013	0.008	0.015
H_{14}	0.013	0.012	0.013	0.012	0.013
H_{15}	0.020	0.030	0.020	0.020	0.030
H_{16}	0.005	0.006	0.005	0.005	0.006

根据式（4.8），可以计算出各候选合作伙伴的得分值与理想解的相对贴近度，并进行排序，根据式（4.20），可以计算出 M-TOPSIS 法的计算结果，如表 4.12 所示。本案例中仅有 3 个备选人，传统 TOPSIS 方法与 M-TOPSIS 方法的结果一致，若对于多个备选人而言有可能出现贴近度相同的情况，采用 M-TOPSIS 法可以更有效地比较出贴近度相同的方案的优劣。

7. BOCR 和 TOPSIS 两种方法的计算结果进行比较并选择合适的候选人

根据表 4.10 和表 4.12 的计算结果进行比较，选择 6 种方法中最可能的排序结果，可以得出合适的供应商合作伙伴排序为 S3 > S1 > S2。

各候选人与理想解的相对贴近度　　　　　　　表 4.12

	候选人		
	S1	S2	S3
d^+	0.016	0.039	0.011
d^-	0.035	0.008	0.034
C（传统 TOPSIS）	0.686	0.170	0.756
排序（传统 TOPSIS）	S3 > S1 > S2		
C（M-TOPSIS）	0.005	0.039	0.001
排序（M-TOPSIS）	S3 > S1 > S2		

4.5.3　敏感性分析

敏感性分析的目的是确定模型参数对所选结果的影响程度或对所选结果的验证。为了评估权重对候选人选择的影响，通过改变权重的取值进行了 10 组实验。

第一组：设定所有子指标的权重相同（$H_1 - H_{16} = 0.063$）。

第二组：设定所有利益（B）规则子指标的权重相同，其他规则权重为零。（$H_1 - H_5 = 0.200$，$H_6 - H_{16} = 0$）。

第三组：设定所有机会（O）规则子指标的权重相同，其他规则权重为零。（$H_1 - H_5 = 0$，$H_6 - H_9 = 0.250$，$H_{10} - H_{16} = 0$）。

第四组：设定所有成本（C）规则子指标的权重相同，其他规则权重为零。（$H_1 - H_9 = 0$，$H_{10} - H_{13} = 0.250$，$H_{14} - H_{16} = 0$）。

第五组：设定所有风险（R）规则子指标的权重相同，其他规则权重为零。（$H_1 - H_{13} = 0$，$H_{14} - H_{16} = 0.333$）。

第六组：设定所有利益（B）和机会（O）规则子指标的权重相同，其他规则权重为零。（$H_1 - H_9 = 0.111$，$H_{10} - H_{16} = 0$）。

第七组：设定所有成本（C）和风险（R）规则子指标的权重相同，其他规则权重为零。（$H_1 - H_9 = 0$，$H_{10} - H_{16} = 0.125$）。

第八组：设定所有利益（B）和成本（C）规则子指标的权重相同，其他规则权重为零。（$H_1 - H_5 = 0.111$，$H_{10} - H_{13} = 0.111$，$H_6 - H_9 = 0$，$H_{14} - H_{16} = 0$）。

第九组：设定所有机会（O）和风险（R）规则子指标的权重相同，其他规则权重为零。（$H_1 - H_5 = 0$，$H_{10} - H_{13} = 0$，$H_6 - H_9 = 0.143$，$H_{14} - H_{16} = 0.143$）。

第十组：设定所有利益（B）、机会（O）和成本（C）规则子指标的权重相同，其他规则权重为零。（$H_1-H_{13}=0.077$，$H_{14}-H_{16}=0$）。

根据上述权重的设定，分别采用 BOCR 的 5 种得分方法和 TOPSIS 方法进行得分，排名结果如表 4.13、表 4.14 所示。

传统 TOPSIS 及 M-TOPSIS 法的敏感性分析距离值　　　表 4.13

编号	权　重	候 选 人			候 选 人		
		S1（d^+）	S2（d^+）	S3（d^+）	S1（d^-）	S2（d^-）	S3（d^-）
1	$H_1-H_5=0.200$，$H_6-H_{16}=0$	0.0187	0.0324	0.0110	0.0254	0.0110	0.0303
2	$H_1-H_5=0.200$，$H_6-H_{16}=0$	0.0136	0.0325	0.0094	0.0262	0.0094	0.0342
3	$H_1-H_5=0$，$H_6-H_9=0.250$，$H_{10}-H_{16}=0$	0.0689	0.0655	0.0072	0.0250	0.0400	0.0727
4	$H_1-H_9=0$，$H_{10}-H_{13}=0.250$，$H_{14}-H_{16}=0$	0.0180	0.0930	0.0380	0.0830	0.0007	0.0720
5	$H_1-H_{13}=0$，$H_{14}-H_{16}=0.333$	0.0092	0.0540	0.0204	0.0544	0.0091	0.0474
6	$H_1-H_9=0.111$，$H_{10}-H_{16}=0$	0.0316	0.0347	0.0058	0.0172	0.0193	0.0392
7	$H_1-H_9=0$，$H_{10}-H_{16}=0.125$	0.0099	0.0508	0.0760	0.0460	0.0037	0.0400
8	$H_1-H_5=0.111$，$H_{10}-H_{13}=0.111$，$H_6-H_9=0$，$H_{14}-H_{16}=0$	0.0110	0.0450	0.0170	0.0526	0.0396	0.0520
9	$H_1-H_5=0$，$H_{10}-H_{13}=0$，$H_6-H_9=0.143$，$H_{14}-H_{16}=0.143$	0.0396	0.0440	0.0100	0.0264	0.0242	0.0500
10	$H_1-H_{13}=0.077$，$H_{14}-H_{16}=0$	0.0220	0.0375	0.0120	0.0290	0.0138	0.0359

传统 TOPSIS 及 M-TOPSIS 法的敏感性分析排序　　　表 4.14

编号	传统 TOPSIS 法			排　序	M-TOPSIS			排　序
	S1	S2	S3		S1	S2	S3	
1	0.576	0.253	0.734	S3＞S1＞S2	0.009	0.029	0.000	S3＞S1＞S2
2	0.658	0.224	0.784	S3＞S1＞S2	0.009	0.034	0.000	S3＞S1＞S2
3	0.266	0.379	0.910	S3＞S2＞S1	0.078	0.067	0.000	S3＞S2＞S1
4	0.822	0.007	0.655	S1＞S3＞S2	0.000	0.111	0.023	S1＞S3＞S2
5	0.855	0.144	0.699	S1＞S3＞S2	0.000	0.064	0.013	S1＞S3＞S2
6	0.352	0.357	0.871	S3＞S2＞S1	0.034	0.035	0.000	S3＞S1＞S2
7	0.823	0.068	0.345	S1＞S3＞S2	0.000	0.059	0.066	S1＞S3＞S2
8	0.827	0.468	0.754	S1＞S3＞S2	0.000	0.036	0.006	S1＞S3＞S2
9	0.400	0.355	0.833	S3＞S1＞S2	0.038	0.043	0.000	S3＞S1＞S2
10	0.569	0.269	0.749	S3＞S1＞S2	0.012	0.034	0.000	S3＞S1＞S2

同样可以画出采用 TOPSIS 和 M-TOPSIS 方法敏感性分析如图 4.4、图 4.5 所示。S3 排在第一位的概率为 60%，其次是 S1，它排在第一位的概率是 40%。采用 BOCR 的加法、概率加法、减法、幂乘法等 4 种得分方法下的敏感性分析图分别如图 4.6～图 4.9 所示。乘法方法不受权重的影响，这里不再分析。从图中可以看出，采用此四种方法时 S3 排在第一位的概率均为 60%，S1 排在第一位的概率均为 40%。由此可知各指标的权重的变化对于候选人的排序并不敏感，也说明上述评价方法得出的结论是可行的。

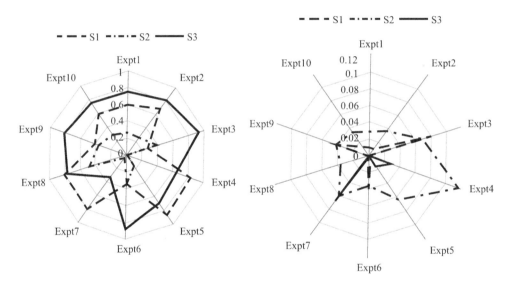

图 4.4　TOPSIS 法的敏感性分析　　　图 4.5　M-TOPSIS 法的敏感性分析

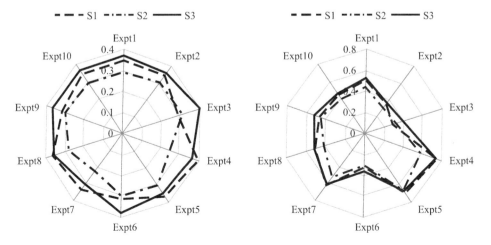

　　图 4.6　BOCR 中加法算法的敏感性分析　图 4.7　BOCR 中概率加法算法的敏感性分析

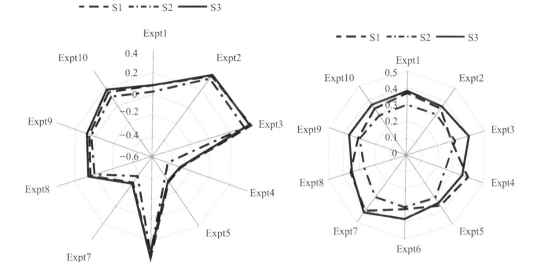

图 4.8　BOCR 中减法算法的敏感性分析　　　图 4.9　BOCR 中幂算法的敏感性分析

4.5.4　与灰色关联分析法的比较

为了进一步验证理论的适用性，对同样的评价得分，这里采用灰色关联分析法进行验算。根据式（4.26）、式（4.27）把成本型和效益型指标分别计算，并进行标准化后的评价值和理想解如表 4.15 所示。

$$r_{ij} = \frac{x_{ij} - \min\{x_{ij},\, i = 1,\, 2,\, \cdots,\, m\}}{\max\{x_{ij},\, i = 1,\, 2,\, \cdots,\, m\} - \min\{x_{ij},\, i = 1,\, 2,\, \cdots,\, m\}},\, j = 1,\, 2,\, \cdots,\, n$$

（效益型指标）（4.26）

$$r_{ij} = \frac{\max\{x_{ij},\, i = 1,\, 2,\, \cdots,\, m\} - x_{ij}}{\max\{x_{ij},\, i = 1,\, 2,\, \cdots,\, m\} - \min\{x_{ij},\, i = 1,\, 2,\, \cdots,\, m\}},\, j = 1,\, 2,\, \cdots,\, n$$

（成本型指标）（4.27）

灰色关联法标准化后的评价值　　　　表 4.15

规则	候选人的评价值			最小值	最大值	标准化后的评价值			理想解 x0
	S1	S2	S3			S1	S2	S3	
H_1	6.333	5.445	5.778	5.445	6.333	1.000	0.000	0.375	1
H_2	5.889	4.555	6.222	4.555	6.222	0.800	0.000	1.000	1
H_3	5.445	4.111	5.889	4.111	5.889	0.750	0.000	1.000	1
H_4	5.445	5.000	6.222	5.000	6.222	0.364	0.000	1.000	1
H_5	5.445	6.222	5.778	5.445	6.222	0.000	1.000	0.429	1

规则	候选人的评价值			最小值	最大值	标准化后的评价值			理想解 x0
	S1	S2	S3			S1	S2	S3	
H_6	4.555	5.445	7.111	4.555	7.111	0.000	0.348	1.000	1
H_7	3.778	2.889	5.889	2.889	5.889	0.296	0.000	1.000	1
H_8	3.778	6.333	5.889	3.778	6.333	0.000	1.000	0.826	1
H_9	6.333	5.445	6.222	5.445	3.333	1.000	0.000	0.875	1
H_{10}	3.000	5.000	3.667	3.000	5.000	0.000	1.000	0.334	0
H_{11}	4.222	6.222	4.111	4.222	6.222	0.053	1.000	0.000	0
H_{12}	3.778	5.445	2.889	2.889	5.445	0.348	1.000	0.000	0
H_{13}	2.555	5.000	4.222	2.555	5.000	0.000	1.000	0.682	0
H_{14}	5.445	5.000	5.445	5.000	5.445	1.000	0.000	1.000	0
H_{15}	5.000	7.445	5.000	5.000	7.445	0.000	1.000	0.000	0
H_{16}	4.555	5.889	5.445	4.555	5.889	0.000	1.000	0.667	0

灰色关联度计算及排序　　　　表 4.16

规则	分辨系数			标准化权重	灰色关联度		
	S1	S2	S3		S1	S2	S3
H_1	1.000	0.333	0.444	0.139	0.139	0.046	0.062
H_2	0.714	0.333	1.000	0.054	0.039	0.018	0.054
H_3	0.667	0.333	1.000	0.077	0.051	0.026	0.077
H_4	0.440	0.333	1.000	0.050	0.022	0.017	0.050
H_5	0.333	1.000	0.467	0.066	0.022	0.066	0.031
H_6	0.333	0.434	1.000	0.076	0.025	0.033	0.076
H_7	0.415	0.333	1.000	0.036	0.015	0.012	0.036
H_8	0.333	1.000	0.742	0.036	0.012	0.036	0.027
H_9	1.000	0.333	0.800	0.033	0.033	0.011	0.026
H_{10}	1.000	0.333	0.600	0.155	0.155	0.052	0.093
H_{11}	0.904	0.333	1.000	0.093	0.084	0.031	0.093
H_{12}	0.590	0.333	1.000	0.062	0.037	0.021	0.062
H_{13}	1.000	0.333	0.423	0.035	0.035	0.012	0.015
H_{14}	0.333	1.000	0.333	0.038	0.013	0.038	0.013
H_{15}	1.000	0.333	1.000	0.070	0.070	0.023	0.070
H_{16}	1.000	0.333	0.428	0.016	0.016	0.005	0.007
得分					0.768	0.446	0.791
排序					S3 > S1 > S2		

在这个步骤之后，我们计算标准化的参考序列。参考序列 $X_0 = (x_{01}, x_{02}, \cdots,$ $x_{0j}, \cdots, x_{0n})$；内含每个准则的理想值。对于成本型指标，它是最小值，而对于效益型指标，它是最大值。目标是找到可比序列最接近参考序列的可选方案。计算 x_{ij} 和 x_{0j} 之间的灰色关联系数 $\gamma(x_{0j}, x_{ij})$；用来确定 x_{ij} 和 x_{0j} 贴近度，灰色关联系数越大，x_{ij} 和 x_{0j} 越接近。灰色关联系数用式（4.28）计算：

$$\gamma(x_{0j}, x_{ij}) = \frac{\Delta_{\min} + \zeta\Delta_{\max}}{\Delta_{ij} + \zeta\Delta_{\max}}, \quad i = 1, 2, \cdots, m; \ j = 1, 2, \cdots, n \quad (4.28)$$

$$\Delta_{ij} = |x_{0j} - x_{ij}|; \ \Delta_{\min} = \min\{\Delta_{ij}, i = 1, 2, \cdots, m; \ j = 1, 2, \cdots, n\};$$

$$\Delta_{\max} = \max\{\Delta_{ij}, i = 1, 2, \cdots, m; \ j = 1, 2, \cdots, n\}$$

其中 ζ 为分辨系数，$\zeta \in (0, 1)$，分辨系数的目的是扩大或压缩灰关联系数的范围。在下一步中，应用式（4.29）计算在 X_0 和 X_i 的灰色关联度 $\tau(X_0, X_i)$；灰色关联度表示参考序列与可比序列之间的相关性。

$$\tau(X_0, X_i) = \sum_{j=1}^{n} \omega_j \gamma(x_{0j}, x_{ij}), \quad i = 1, 2, \cdots, m \quad (4.29)$$

这里的 ω_i 是属性 j 的权重，$\sum_{i=1}^{n} \omega_i = 1$。

最后，选择灰色关联度最高的备选方案。

设定分辨系数为 $\zeta = 0.5$，根据式（4.28）、式（4.29）分别计算分辨系数和灰色关联度，结果如表4.16所示。根据得分值可以得到候选人的排序仍为 S3 > S1 > S2。可以看出灰色关联分析法的选择结果与 BOCR 以及 M-TOPSIS 法的结论一致。

4.6 小 结

传统的现浇构件施工和工厂化、标准化预制构件施工方式不相同，选择有实力的预制构件供应商对提高合作整体和个体的综合竞争力至关重要。本章首先采用基于 BOCR 的评价指标分类方法，不仅考虑了积极因素（利润和机会），而且考虑了消极因素（成本和风险）；不仅考虑了有形因素（如成本），而且考虑了无形因素（关系风险等）。然后应用三角模糊数的打分方法，由专家组对控制准则、评价指标和子评价指标进行成对比较量化出各指标的权重值，应用 BOCR 5 种评价值综合技术方法和 TOPSIS 方法及修正的 M-TOPSIS 方法分别进行候选合作伙伴的排序；而后应用比较分析法，选用这 6 种方案种最可能的排序方案来优选出最合适的合作伙伴；最后进行敏感性分析以确定指标的权重和得分方法对排序结果的影响。为了进一步验证理论的实用性，应用灰色关联分析法进行了结果的验证，结果表明与BOCR 以及 M-TOPSIS 法的结论一致。

本章提出的工业化建筑项目供应商合作伙伴的选择方法基于 6 种得分方法的综合，消除了单一评价方法可能产生的评价结果偏差，方法的实用性和适用性较强。

第 5 章　工业化建筑供应链合作绩效影响因素分析

为了发展竞争性供应链协作，供应链过程需要不时进行评估，识别存在的问题，提高供应链效率并确定合作的有利条件，以便进行持续的改进。在供应链合作的项目中，建立公司间合作的绩效系统、决策同步、信息共享以及共同激励，目的是降低风险和加强供应链的弹性（应变能力）来应对日益复杂和不确定的市场变化。

供应链合作是一个集成的过程，取决于组织和它的外部环境之间的复杂的相互作用和众多的关系，包括供应商、客户、咨询机构和政府部门等。通常，供应链绩效测量是通过需求放大和在供应链各节点上的价值增加。传统上，供应链绩效是由供应链中的关键流程如资源、市场、交付等流程通过单一措施如需求放大或通过一个复合指标来衡量。工业化建筑供应链的合作绩效受到多个因素的联合影响。各个因素之间也存在不同程度的相互作用和相互影响。本章首先通过文献调研和专家访谈，找出针对工业化建筑的供应链合作绩效的关键影响因素，进而通过云模型—DEMATEL 的方法对影响因素进行综合分析和评价，找出原因因素和影响强度，目的是为工业化建筑供应链中各利益相关者之间制定合作决策、合作措施等内容提供重要依据和参考。

5.1　合作绩效影响因素指标体系构建

5.1.1　合作绩效影响因素指标体系分类

供应链的合作绩效的影响因素指标通常可分为两大类：主观和客观指标。影响绩效的客观因素包括供应链的环境、战略和目标，主观因素是基于满意度、适应性和有效性。满意度是基于态度和价值观，如客户满意度，而适应性和性能是指实现程度。

供应链合作绩效影响因素评价的主要目的是识别存在的问题，提高供应链效率并确定合作的有利条件。针对合作伙伴间不同的合作目的、不同的合作形式、不同的资源投入等原因，合作绩效影响指标的选取应该存在区别。因为建筑业不同于制造业，M. Agung Wibowo 认为不是所有的 SCOR 模型中的指标都可以作为关键绩效指标来使用和重点关注，首先需要验证从 SCOR 模型中选取关键绩效指标（KPI）是否适用于研究的建设项目。基于此，工业化建筑供应链合作绩效影响因素指标选择应综合考虑：

1. 影响供应链财务绩效的指标

财务绩效用于考核资源投入的效率。资源措施主要用于减少成本或提高资源利用率，是使用最广泛的衡量供应链绩效评价的指标，其内容包括总成本、配送成本、制造成本和库存成本等。资源措施的目标是实现高水平的成本效率。姜阵剑认为供应链协同的投入应该包括资金、时间、人员及技术四个方面。当组织选择协作时，供应商的数量会明显减少。通过选择能够满足长期稳定、具有良好服务质量、较强交付能力和合理价格的合作供应商来实现。这种合作能大大降低产品的成本。

2. 影响工业化建筑项目绩效的指标

项目绩效指标可用于考核供应链的合作输出。供应链合作的一些共同利益被确定为节约成本、减少库存、及时补货和预测精度。主要找出哪些指标会影响建设项目的工期、质量、成本的最优配置，包括项目验收合格率、环保等内容。竣工准时率能够反映出合作供应链的技术水平、综合实力和信誉度，项目变更处理能力能够综合反映合作供应链的应变能力，能根据业主的需求适时做出调整。

3. 供应链合作流程能力对合作绩效影响的因素指标

供应链流程是指流动和参与各方交换活动之间的联系，它集中于整个供应链中的主动性、沟通方法和信息流。Barlow et al 认为合作不应成为一个"目标管理"的工具，但用于分析供应链流程中的瓶颈和实施改进计划。一些供应商可能会受益于供应链合作的直接优势来改善其流程的内部能力，这是系统集成的重要作用之一。流程整合改善能大大提高整个项目的性能。预制件生产可以直接使用最新的建筑设计数据来自动计算出建筑部品的生产所需材料数量。提高预制过程的规划和组织，实现建筑设计和工业化生产的集成。在生产过程中合并和集成现场项目管理和项目相关活动可以提高物流的效率、现场材料处理能力和整体项目进度跟踪。

4. 供应链合作信息处理能力对合作绩效影响的因素指标

Furneaux & Kivvits 的研究表明，在澳大利亚通过 BIM 软件的互操作性可以节省大量成本，可能会给客户、建筑用户、运营商每年节省全部 158 亿美元费用的 2/3。基于 BIM 在降低交易成本和减少错误机会方面的预期效益，英国政府表示，从 2014 年起所有的合同都需要供应链成员的协同工作来推广使用"完全协同的三维 BIM"。正如许多其他国家一样，每年荷兰建筑公司营业额的近 10% 都被不必要的错误和糟糕的合作所浪费，有效地整合和管理信息，并确保所有利益相关者合作，在建筑物的全生命周期中可能是一个有效的方法来减少这些问题。

供应链合作伙伴之间的信息共享，真正的好处在于通过正确使用信息技术支持（IT）它能被有效和高效地利用。信息技术是供应链整合的关键。Bahinipati 指出，利用互联网和信息和通信技术（ICT）能够达到供应链合作伙伴之间的成本有效的信息共享。信息获得的及时性、真实性会影响供应链各方的活动。由于建筑组件制造商可能为几个工地同时提供建筑产品，其生产和供应必须结合每个建筑工地的整个项目时间计划和安排，其生产过程和物流应与施工现场进度保持一致。预制件制造商是在多项目的环境中工作。因为预制和施工过程同时运行。在一个建筑工地，如果工厂没有按时提供足够数量的预制件会带来工期的拖延，另一方面，若工厂过早地制造出预制件会大幅增加存储成本。

5. 供应链合作关系整合能力对合作绩效影响的因素指标

沟通在供应链合作伙伴之间起着重要的作用，它是获得无缝供应链合作的关键因。关系整合是指基于信任、承诺的合作伙伴之间的战略关系长期的关系定位，供应链协同可以通过提高信息共享和同步决策水平的提高，可以减少环境的不确定性的影响，从而避免负面的结果，合作公司转换战略重点从短期的公司收益，以提高其最终消费者的满意度。合作关系的不稳定容易带来合作伙伴的机会主义行为，说谎、欺骗等来违反合作协议，这需要花费额外的成本来监控和确保合作伙伴的行为以便其忠诚地履行协议。

6. 合作未来发展能力对合作绩效影响的因素指标

供应链的合作应对产品、技术、流程管理创新等方面对企业绩效产生正向影响。企业规模的影响明显，其中中小企业中的供应链协同对产品创新的影响程度高，而大企业对流程创新的影响程度高。市场开拓能力是指在国内外建筑市场的激烈竞争中供应链合作能提升企业对市场的占有份额。

5.1.2 合作绩效影响因素指标体系构建

供应链合作绩效影响因素指标体系用来量化供应链流程、关系的效率和有效性，需要涵盖多个组织的功能和多个企业。根据影响因素指标选取要求的 6 个方面内容，建立包含合作的财务绩效、合作的项目绩效、供应链流程合作能力、合作方的信息处理能力、合作关系的整合能力、合作发展能力等 6 个方面共 24 个评价指标。具体内容见表 5.1。

5.2　基于云模型—DEMATEL 的工业化建筑供应链合作绩效影响因素评价模型

5.2.1　云模型评价方法概述

在界定一个因素对另一个因素的影响程度时，一般使用模糊的语言来表述，如影响强度大或小，但难以用定量的数据表达。

工业化建筑供应链合作绩效影响因素指标体系　　　　表 5.1

方面	影响因素指标	缩写	描述	来源
合作的财务绩效	1. 合作收益分配的合理性	B_1	合作各方的收益增加或成本降低	Usha；David
	2. 资源共享程度和专用投资额度	B_2	设备、技术等资源的共享程度，买方或供应商与特定供应商或买方进行的专用投资额度的高低	Cao and Zhang；Nyaga et al.
	3. 供应链的交易成本	B_3	供应链整体交易成本的降低额度	仇国芳；Marinagi.
合作的项目绩效	1. 项目成本的控制能力	B_4	合作方对建设项目成本费用的控制能力	徐梁；M. Agung；Photis M
	2. 项目质量的控制能力	B_5	合作方对项目整体质量的控制能力	李永锋；Mourtzis
	3. 项目工期的调控能力	B_6	合作方对项目整体工期的控制能力	徐梁；Mourtzis；Photis M
	4. 项目变更的处理能力	B_7	合作各方对变更在成本、工期方面处理和控制能力	徐梁；M. Agung；Rai
供应链流程合作能力	1. 供应商产品合格率	B_8	部品部件、材料设备等的质量合格率或返修率	马雪；Xinhui Wang
	2. 供应商准时交货率	B_9	部品部件交货时间和交货效率	马雪；David

方面	影响因素指标	缩写	描述	来源
供应链流程合作能力	3. 供应链合作的流程结构	B_{10}	合作各方目标的实现程度	李随成；武志伟；Xinhui Wang
	4. 供应链的流程整合程度	B_{11}	设计高效的供应链流程给最终用户以及时、更低的成本提供产品、服务	李永锋；姜阵剑；Angerhofer；Simatupang
合作方的信息整合能力	1. 信息获得的及时性、真实性	B_{12}	各方获得相关关键信息的时效性、真实性	Usha；姜阵剑；刘朝刚；Chen et al.
	2. 信息技术使用的深度和广度	B_{13}	信息技术在供应链中的应用技术，如 MIS、TPS、DSS、ERP、EIS 等	Angerhofer；Lee et al.
	3. 信息共享的程度	B_{14}	供应链成员间通过面对面会议、电话、网络等媒介分享各种相关的、准确的、完整的、机密的关键信息的程度	刘朝刚；Kim et al.；Michel et al.；Cai et al.
合作方的关系整合能力	1. 合作中的沟通能力	B_{15}	合作方之间根据沟通的频率、方式和影响策略进行联系和信息的传输流程	李永锋；Rashed
	2. 合作中的冲突解决能力	B_{16}	合作方之间冲突解决的方式、处理时间和各方对结果的满意程度	吴宁；Sirmom；Dong S.
	3. 合作中的信任程度	B_{17}	信任是交易双方不会利用资产特异性表现出机会主义行为，也不会隐瞒信息或寻求垄断租金	Li S.；Dong S.；Forslund H.；Pagell M
	4. 合作中的关系承诺	B_{18}	指交易伙伴愿意为双方的关系付出努力以及合作主体对协议合同约定事项的诺言	Chen et al.；Kwon & Suh：Zacharia et al.
	5. 合作关系的持续性	B_{19}	合作关系的长期或短期的持续长度	Nollet J.；Jamshidi R
	6. 合作协议的完备性	B_{20}	合作协议条款或约定的完整程度	姜阵剑
	7. 合作激励的合理性	B_{21}	供应链合作伙伴间如何制定合理的激励机制来分配成本、风险和收益	姜阵剑；Kim et al.；Michel et al.
	8. 合作决策的一致性	B_{22}	合作方协同供应链规划和运营决策的程度以优化优化供应链效益	Kim et al.；Michel et al
合作发展能力	1. 协同创新能力	B_{23}	合作方在技术、知识、管理等方面协同创新的效果	李永锋；周水银
	2. 市场开拓能力	B_{24}	合作方在市场占有率方面的提升	徐梁

云模型由李德毅院士在20世纪90年代首先提出，用于转换某定性与定量概念间的不确定性，来实现评语与评价值间的不确定性映射。云模型通过期望E_x（Excepted Value）、熵E_n（Entropy）、超熵H_e（Hyper Entropy）3个数字特征值来表示其整体特征，可以实现定性概念到定量数据的转化。期望E_x是论域的中心值，是云形上的"最高点"，即隶属度为1的点，最能代表定性概念。熵E_n是对定性概念的不确定性进行度量，用来表征定性概念的模糊性，反映在云形上是云的"跨度"，熵越大，云的跨度越大。超熵H_e是对熵E_n的不确定性进行度量，用于表示样本出现的随机性，体现为云滴的离散程度，反映在云形上是云的"厚度"，熵的模糊性和随机性决定超熵。（E_x，E_n，H_e）可以把某个因素的随机性和模糊性相互联系起来，用于完成定性和定量之间的映射。

目前云模型方法被用于很多行业和很多不同内容的评估，如信任评估、水体富营养化程度评价、河流健康评价、商家信誉综合评价、信息工程监理服务质量评价、流域防洪工程体系风险评价、既有居住建筑节能改造综合评价、基础设施项目可持续性评价、行业产业类协同创新中心绩效评价、企业技术创新能力评价、灾难恢复能力评价、科技创新与区域竞争力动态关联评价等众多领域。

另一方面云模型还可以和其他方法结合被用来克服单一评价方法的缺陷，进行相关内容的综合评价。如龚艳冰采用熵权法确定人口发展现代化程度评估的各个指标权重，应用正态云模型计算各单个指标下待评价人口发展的等级。孙鸿鹄结合了云模型和熵权法对巢湖流域防洪减灾能力评估。徐岩通过合作博弈法计算变压器状态评价指标的组合权重，应用云模型计算各评价指标对变压器状态等级的隶属度，通过分层评估得到变压器状态评估结果。江新通过网络层次分析法（ANP）来确定水电项目群资源冲突风险评价指标的权重，利用云模型中的云重心评价法进行定性评估与定量评估的转换，并应用云发生器来描述冲突风险状态。任宏运用云模型将巨项目组织联盟合作伙伴选择的评价指标因子的定性评价内容进行量化，进而结合灰色关联度理论进行合作伙伴的综合评价。李万庆采用层次分析法（AHP）确定施工企业项目经理绩效评价的指标权重，通过云模型把定性表述转化为定量数值，将最终评价云和云标尺进行对比最终得出项目经理综合绩效水平。耿秀丽应用粗糙信息公理处理评价指标信息，运用逆向云模型将信息量转化为定性特征，通过云的三个数字特征对设计方案进行评价。赵莎莎利用数据包络分析（DEA）对火电厂效率评价指标进行量化，利用云模型对指标进行处理，实现对火电厂总效率的评价值。

5.2.2 DEMATEL 评价方法概述

决策试验与实验评估法（Decision-Making Trial and Evaluation Laboratory，DEMATEL）是建立和分析复杂因素之间的因果关系的一种综合方法。由 Geneva 研究中心的 Battelle 研究所开发的，它通过构造一个因果因素关系模型研究和解决复杂的社会问题。它是解决行业复杂的多准则决策（MCDM）问题的一种途径。从应用的角度，DEMATEL 适用于对给定的指标分配影响因素的价值，而且能够提供可视化的表达方式。通过 DEMATEL 能够量化众多影响因素之间的相互关系，DEMATEL 方法是一个能把定性内容转换为定量分析的多目标决策工具。与其他的多属性决策方法相比，如层次分析法（AHP）比较的因素之间被认为是相互独立的；而 DEMATEL 方法是一种通过因果图试图找出系统中各因素之间的相互依存关系的结构建模方法。DEMATEL 的目的是通过矩阵计算找到在一个复杂系统的所有变量之间直接和间接的因果关系和影响强度。DEMATEL 是一种允许决策者使用语言表达意见和选择的通用方法，允许多决策者参与决策，能够对影响供应链合作绩效提升的因素优先考虑，并能够确定这些因素之间的因果关系。

DEMATEL 技术已经广泛应用于多个学科、多个行业等影响因素分析，用于解决不同领域的问题。如企业绩效影响因素、煤炭企业跨区投资进入模式因素分析、绿色物流发展关键因素分析、绿色供应链关键绩效评价指标选择、建筑施工安全管理行为影响因素分析、绿色食品可持续供应链障碍分析等。

DEMATEL 技术还可以和其他方法相结合进行影响因素的综合评价。朱庆华通过引入灰数模糊构件影响因素矩阵，应用 DEMATEL 方法找出房地产企业社会责任动力的关键因素。Yu-Cheng Lee 采用模糊 DEMATEL 方法计算影响因素间的因果关系和相互影响程度，运用产品生命周期管理（PLM）系统建立技术接受模型（TAM）来解决实践中复杂和困难的问题。针对广泛用于提高产品质量和系统可靠性的失效模式与影响分析（FMEA）方法，Kuei-Hu Chang 运用灰色关联分析（GRA）方法修改风险优先数（RPN）的值到较低的重复率和有序的加权规则并应用 DEMATEL 方法检验失败模式（FMS）和失败原因（CFS）之间的直接和间接的关系。对于供应链合作中的外部环境不确定性、对技术的过分依赖、缺乏合作伙伴间的信任等问题，Don Jyh-Fu Jeng 基于交易成本经济学（TCE）和关系交换理论（RET），确定了环境、资产专用性、信任是供应链合作成功的关键因素，应用 DEMATEL 方法度量因素间的相互依存性的模糊性。为了衡量病人的安全绩效和包

115

括临床护理和支持过程的医院供应链效率，Tuangyot Supeekit 应用 DEMATEL 方法检查绩效组和每个组的绩效指标之间的因果关系，应用改进的 ANP 方法用于确定绩效指标的权重来综合评价医院供应链的效率。

5.2.3　基于云模型—DEMATEL 的工业化建筑供应链合作绩效影响因素模型构建

逆向云发生器通过输入符合某种分布的云滴，可输出对应的 3 个数字特征（E_x，E_n，H_e）。是一种可以把定量数据转换到定性概念的工具，通过样本数据可以估计事物的整体特征，能够模拟部分到整体的思维过程。目前有两种基本算法，一种是利用确定度信息，另一种是无确定度信息。由于确定度的逆向云算法难以获得确定度信息和计算量大的缺陷会导致其方法缺乏实用性，这里采用无需确定度的逆向云算法。

无确定度信息的一维逆向云算法如下：

输入：N 个云滴样本的定量值 x_i，$i = 1$，2，$\cdots$，N。

输出：反映样本表示的定性概念的数字特征（E_x，E_n，H_e）。

根据 X_i 计算这组数据的样本均值和样本方差：

$$\overline{X} = \frac{1}{N}\sum_{i=1}^{N} x_i,\ S^2 = \frac{1}{N-1}\sum_{i=1}^{N}(x_i - \overline{X})^2 \qquad (5.1)$$

$$E_x = \overline{X} \qquad (5.2)$$

$$E_n = \sqrt{\frac{\pi}{2}} \cdot \frac{1}{N}\sum_{i=1}^{N}|x_i - E_x| \qquad (5.3)$$

$$H_e = \sqrt{S^2 - E_n^2} \qquad (5.4)$$

DEMATEL 方法步骤如下：

步骤 1：计算专家对指标间影响程度的初始直接评价矩阵。专家根据影响程度关系表对评价指标之间的直接影响程度进行打分。把专家的语义变量"没有影响""非常低的影响""低影响""高影响""非常高的影响"转换为数值 0、1、2、3、4 来表示。根据指标间的影响得到初始直接关系矩阵 Y，它是一个通过成对比较获得的 n 阶矩阵，其中 y_{ij} 表示因素 i 对因素 j 的影响程度。

$$Y = \begin{bmatrix} 0 & y_{12} & \cdots & y_{1n} \\ y_{21} & 0 & \cdots & y_{2n} \\ \vdots & \vdots & \ddots & \vdots \\ y_{n1} & y_{n2} & \cdots & 0 \end{bmatrix}$$

步骤 2：计算综合云矩阵。根据逆向云算法，转化决策信息。利用式（5.1），将专家的打出的数值通过一维逆向云的算法转化为综合云的形式。$\bar{y} = (E_x, E_n, H_e)$。得出综合云矩阵。

步骤 3：计算综合云矩阵中的各云与正负理想评价云的 Hamming 距离。首先计算出正负理想评价云，正理想评价云：$y^+ = (\max E_{x_i}, \min E_{n_i}, \min H_{e_i})$，负理想评价云：$y^- = (\min E_{x_i}, \max E_{n_i}, \max H_{e_i})$。设 $y_1 = (E_{x_1}, E_{n_1}, H_{e_1})$，$y_2 = (E_{x_2}, E_{n_2}, H_{e_2})$，则 y_1 和 y_2 的 Hamming 距离用式（5.5）计算。

$$d(y_1, y_2) = \left| \left(1 - \frac{E_{n_1}^2 + H_{n_1}^2}{E_{n_1}^2 + H_{n_1}^2 + E_{n_2}^2 + H_{n_2}^2}\right) E_{x_1} - \left(1 - \frac{E_{n_2}^2 + H_{n_2}^2}{E_{n_1}^2 + H_{n_1}^2 + E_{n_2}^2 + H_{n_2}^2}\right) E_{x_2} \right|$$

（5.5）

利用式（5-5）各云与正负理想评价云的 Hamming 距离分别为：

$$d_{ij}^+ = d(y_i, y^+), \quad d_{ij}^- = d(y_i, y^-), \quad d_{ij}^* = \frac{d_{ij}^+}{d_{ij}^+ + d_{ij}^-}$$

得到各指标间影响关系矩阵：$D = [d_{ij}^*]_{n \times n}$。

步骤 4：规范化直接关系矩阵。在初始直接关系矩阵 Y 的基础上，通过以下公式得到归一化的直接关系矩阵 H：

$$s = \max_{1 \leq i \leq n} \left(\sum_{j=1}^{n} y_{ij} \right) \tag{5.6}$$

$$H = \frac{Y}{s} \tag{5.7}$$

步骤 5：计算综合影响矩阵。综合影响矩阵 T 通过式（5.8）获得，其中 I 是单位矩阵。

$$T = \lim_{k \to \infty} (H + H^2 + \cdots + H^k) = H(I - H)^{-1} \tag{5.8}$$

$$T = [t_{ij}]_{n \times n}, \quad i, j = 1, 2, \cdots, n$$

步骤 6：确定因素的重要性优先顺序，绘制因果关系图。

第 i 行各元素之和，表示第 i 个因素对其他所有因素的直接和间接的总影响，称之为"影响度"，用 R_i 表示，通过式（5.9）计算（Hanwei Liang）。第 j 列各元素之和，表示第 j 个因素受到其他所有因素直接和间接的总影响，称之为"被影响度"，用 C_j 表示，通过式（5.10）计算。根据式（5.11）、式（5.12）可分别计算出工业化建筑供应链合作绩效影响因素之间的中心度和原因度。M_i 是第 i 个因素对其他所有影响因素的影响度和被影响度之和，表示该因素在整个供应链合作绩效影响系统中所占的地位；N_i 是第 i 个因素对其他所有影响因素的影响度和被影响度计算差值，计算结果若为正值，表示 i 因素为原因因素，即它会对其他因素造成影响；计算结果若为负值，表示 i 因素为结果因素，即其他因素会对其造成影响。根据 M_i 的大小顺序排序，可以找出对合作绩效影响最重要的因素。根据 N_i 的正值，按大小排序可以找出原因因素的重要程度，根据 N_i 的负值的绝对值进行大小排序可以找出结果因素的重要程度。设定 M_i 是水平轴，N_i 是垂直轴，根据各因素计算出的数值，可以绘制出工业化建筑供应链合作绩效的影响因素因果关系图。

$$R_i = \sum_{j=1}^{n} t_{ij} \quad\quad\quad (5.9)$$

$$C_i = \sum_{j=1}^{n} t_{ji} \quad\quad\quad (5.10)$$

$$M_i = R_i + C_i \ (i = 1, 2, \cdots, n) \quad\quad\quad (5.11)$$

$$N_i = R_i - C_i \ (i = 1, 2, \cdots, n) \quad\quad\quad (5.12)$$

5.3　数据调研及结果分析

5.3.1　数据收集

此次数据调研选在了山东省。山东省积极响应国家关于推行工业化建筑的号召，在政府投资的公租房、安置房项目中率先应用装配式建筑。在 2014 年开始发布施行《装配整体式混凝土结构设计规程》《装配整体式混凝土结构工程施工与质量验收规程》《装配整体式混凝土结构工程预制构件制作与验收规程》等山东省工程建设标准来指导工业化建筑的推广建造。政府文件也明确指出全省设区城市规划区内新建公共租赁住房、棚户区改造安置住房等项目全面实施装配式建造，政府投资工程应使用装配式技术进行建设，装配式建筑占新建建筑面积比例达到 10% 左右，到 2025 年，全省装配式建筑占新建建筑比例达到 40% 以上。本次数据调研选取了 5 处位于不同施工地点的工业化建筑项目，以装配式住宅为主，分别是政府投资的公租房项目、安置房项目以及房地产开发的商品房项目，项目的基本概况如附表 1 所示。各项目基本都采用了三明治外剪力墙、预制内剪力墙、预制整体轻质内墙、PK 预应力叠合板、预制楼梯、预制空调板等预制构件，其预制率达 50%。

因涉及了 24 个较多的影响因素，数据收集的主要方法是通过邀请由总承包商、预制部品的供应商、业主方的代表等参加的研讨会或座谈会的形式对 5 个工业化建筑项目进行走访调研，为保证数据来源的可靠性，以讨论的形式针对每个项目共同最终各确定一份该项目的打分值来保证调研数据的效度。

根据表 5.1 中的合作绩效的影响因素指标，制作了影响程度关系 Excel 表格，表格中说明了打分规则，分为"没有影响""非常低的影响""低影响""高影响""非常高的影响"五个等级，打分时分别用数值 0、1、2、3、4 来表示。统计计算 10 份最终项目打分的算术平均值，得到初始直接关系矩阵如附表 2 所示。

5.3.2 综合评价过程

步骤 1：计算专家对指标间影响程度的初始直接评价矩阵见附表 2。

步骤 2：计算综合云矩阵。根据逆向云算法，利用式（5.1）~式（5.3），将专家的打分数值通过一维逆向云的算法转化为综合云的形式，E_x 的数值与表 5.3 中相同，E_n、H_e 详见附表 3 和附表 4 所示。把此三表的数据融合即为综合云矩阵 $\bar{y} = (E_x, E_n, H_e)$。

步骤 3：计算综合云矩阵中的各云与正负理想评价云的 Hamming 距离。正理想评价云：$y^+ = (\max E_{x_i}, \min E_{n_i}, \min H_{e_i}) = (3.8, 0.401, 0.118)$，负理想评价云：$y^- = (\min E_{x_i}, \max E_{n_i}, \max H_{e_i}) = (0.2, 1.403, 0.594)$。利用式（5.5）计算各云与正负理想评价云的 Hamming 距离，得到各指标间影响关系矩阵 $D = [d_{ij}^*]_{n \times n}$，见附表 5。

步骤 4：规范化直接关系矩阵。通过式（5.6）、式（5.7）得到归一化的直接关系矩阵 H。

步骤 5：计算综合影响矩阵。通过式（5.8）计算综合影响矩阵 T 见附表 6。

步骤 6：确定因素的重要性优先顺序，绘制因果关系图。各因素的影响度、被影响度、中心度、原因度如表 5.2 所示。将各个影响因素的中心度和原因度标注在笛卡尔坐标系中，形成如图 5.1 所示的工业化建筑供应链合作绩效影响因素图。其中，横轴表示中心度，纵轴表示原因度。

表 5.2

各因素的影响度、中心度、原因度及排序

	B₁	B₂	B₃	B₄	B₅	B₆	B₇	B₈	B₉	B₁₀	B₁₁	B₁₂	B₁₃	B₁₄	B₁₅	B₁₆	B₁₇	B₁₈	B₁₉	B₂₀	B₂₁	B₂₂	B₂₃	B₂₄
影响度	2.69	2.85	2.63	2.02	4.18	3.45	2.8	3.91	4.11	2.62	4.52	4.21	4.34	4.46	2.9	3.77	4.2	3.98	4.37	3.66	4.49	4.13	4.05	0.83
被影响度	3.69	3.46	3.51	3.93	3.26	3.26	3.56	3.13	3.09	4.12	4.07	2.17	1.96	2.9	4.25	3.65	3.82	4.04	3.91	4.18	3.78	3.29	3.96	4.16
中心度	6.39	6.31	6.14	5.95	7.44	6.71	6.37	7.05	7.2	6.74	8.59	6.38	6.31	7.36	7.15	7.43	8.02	8.02	8.29	7.84	8.27	7.42	8.01	4.99
中心度排序	17	20	22	23	8	16	19	14	12	15	1	18	20	11	13	9	4	4	2	7	3	10	6	24
原因度	-1	-0.61	-0.88	-1.91	0.92	0.2	-0.76	0.78	1.01	-1.5	0.45	2.04	2.38	1.57	-1.35	0.12	0.38	-0.06	0.46	-0.52	0.71	0.84	0.08	-3.33
原因因素排序					5	12		7	4		10	2	1	3		13	11		9		8	6	14	
结果因素排序	5	8	6	2			7			3					4			10		9				1

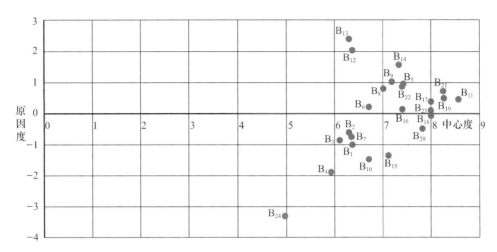

图 5.1 工业化建筑供应链合作绩效影响因素图

5.3.3 影响结果分析

根据图 5.1 所示的工业化建筑供应链合作绩效影响因素图可知，原因因素按由大到小顺序，排列前三位依次为：B_{13}——信息获得的及时性、真实性；B_{12}——信息技术使用的深度和广度；B_{14}——信息共享的程度。对供应链合作绩效影响的最重要的是各方对信息的接收程度、信息技术的利用程度以及各方信息共享的深度。接下来依次是 B_9——供应商准时交货率；B_5——项目质量的控制能力；B_{22}——合作决策的一致性；B_8——供应商产品合格率；B_{21}——合作激励的合理性；B_{19}——合作关系的持续性；B_{11}——供应链的流程整合程度；B_{17}——合作中的信任程度；B_6——项目变更的处理能力；B_{16}——合作中的冲突解决能力；B_{23}——协同创新能力。

原因因素是影响合作绩效的根本因素。其自身不仅能对合作绩效起到明显的影响作用，还会对其他因素造成影响，是改善合作绩效、制定合理措施的重要考虑内容。在六大类的分类指标中几乎均涉及了此类因素。影响最大的是合作各方的信息处理能力的三项指标内容。其次是合作的财务绩效中的供应链交易成本的降低，合作各方的成本是合作绩效的重要评估因素。相对较小的影响因素是合作关系整合中的沟通和冲突解决以及合作发展中的协同创新能力。

结果因素按由大到小顺序排列依次为：B_{24}——市场开拓能力；B_4——项目成本的控制能力；B_{10}——供应链合作的流程结构；B_{15}——合作中的沟通能力；B_1——合作收益分配的合理性；B_3——供应链交易成本；B_7——项目变更的处理能力；B_2——资源共享率和专用投资额；B_{20}——合作协议的完备性；B_{18}——合作中

第5章 工业化建筑供应链合作绩效影响因素分析

的关系承诺。

结果因素是影响合作绩效的直接因素，是原因因素对工业化建筑供应链合作绩效产生作用的媒介，而且结果因素易受到外部环境的影响发生改变。

根据工业化建筑供应链各影响因素的中心度由大到小顺序依次为：B_{11}——供应链的流程整合程度；B_{19}——合作关系的持续性；B_{21}——合作激励的合理性；B_{17}——合作中的信任程度；B_{18}——合作中的关系承诺；B_{23}——协同创新能力；B_{20}——合作协议的完备性；B_5——项目质量的控制能力；B_{16}——合作中的冲突解决能力；B_{22}——合作决策的一致性；B_{14}——信息共享的程度；B_9——供应商准时交货率；B_{15}——合作中的沟通能力；B_8——供应商产品合格率；B_{10}——供应链合作的流程结构；B_6——项目变更的处理能力；B_1——合作收益分配的合理性；B_{12}——信息技术使用的深度和广度；B_7——项目变更的处理能力；B_{13}——信息获得的及时性、真实性；B_2——资源共享和专用投资；B_3——供应链交易成本；B_4——项目成本的控制能力；B_{24}——市场开拓能力。

中心度越大说明该因素对工业化建筑供应链合作绩效的影响效果越明显，是最重要的原因，应据此制定相应的重点措施。根据管理学中的二八定律，最关键的影响指标为前20%，可以找出5个重要的指标。对供应链合作绩效而言，B_{11}——供应链的流程整合程度是最重要的因素，B_{19}——合作关系的持续性、B_{21}——合作激励的合理性、B_{17}——合作中的信任程度、B_{18}——合作中的关系承诺，这表明了合作中关于激励和合作关系、信任、承诺等"软因素"的重要性。

5.4 小 结

国内外对于工业化建筑供应链合作绩效影响因素的研究并不成熟，尚未建立合作绩效的影响因素评价指标体系和找到合适的评价方法。本章首先从合作的财务绩效、合作的业务绩效、供应链流程合作能力、合作方的信息处理能力、合作关系的整合能力、合作发展能力六个方面进行指标的分类识别，通过文献查找共选择了24个影响因素的评价指标。并建立了基于云模型-DEMATEL方法的合作绩效影响因素评价模型，两种方法结合使用可以克服单一评价方法的缺陷。云模型并不是简单地把模糊性和随机性相加，而是通过 E_x、E_n、H_e 3个数字特征把此双重性有机地联系在一起，实现定性概念到定量数值的自然转换。DEMATEL方法通过构造模型，能够找出一个系统中元素之间的相互依存关系，通过使用矩阵和图表的结合可以处理和结构化变量间复杂的因果关系。它帮助确定影响因素评价指标间的因果关系，有效地忽略含糊的和不准确的判断。

通过案例的专家打分，可以确定出合作绩效影响因素的原因因素、结果因素和中心度因素，并可对这 24 个因素的重要性进行排序。原因因素是影响合作绩效的根本因素。按由大到小顺序排列前三位依次为：信息获得的及时性、真实性；信息技术使用的深度和广度；信息共享的程度。这说明了信息技术、信息共享等对合作绩效有极其重要的影响，尤其是在工业化建筑推广的现阶段，建立流畅的信息沟通平台和信息技术的创新直观很重要。根据中心度排序，供应链的流程整合程度，合作关系的持续性，合作激励的合理性，合作中的信任关系，合作中的关系承诺等是最重要的因素。这说明了合作流程、关系、激励、信任等合作绩效有着非常重要的作用。

本章研究的目的是找出能够提升工业化建筑供应链合作绩效，促进其合作成功的关键成功因素，帮助供应链各参与方找到推进工业化建筑供应链顺利推广的措施和方法。

第6章 工业化建筑供应链合作的实施路径

在第3章分析了供应链的合作动因、合作的驱动因素和合作在不同阶段的演化，在第4章分析了供应链合作伙伴的选择对于项目成功的重要性和合作伙伴的选择方法，在第5章分析了关于工业化建筑供应链合作绩效的影响关键因素，综上可知，供应链企业间的信息整合能力、合作关系整合能力分别是最重要的原因度、中心度因素。基于此，本章从"硬"——信息技术支持、"软"——关系支持两个方面对工业化建筑供应链合作的信息化路径和关系治理路径进行分析，建立工业化建筑供应链合作的基本实施路径框架。信息技术和关系治理可以被视为两个原则杠杆，有助于促进合作伙伴之间的信息共享和协同决策，而且二者之间亦存在相互影响，Chen et al. 研究了信息共享、信息的质量和信息的可用性在供应链关系中对关系治理的信任和承诺的影响。基于信息技术和关系治理两条实施措施同时进行可以改善供应链的合作绩效。

6.1 基于 BIM 的工业化建筑供应链合作的信息化路径

对于在合作伙伴的组织内部以及项目合作伙伴之间的信息流动，目前在建筑业中仍存在许多障碍。从项目的角度分析，工业化建筑的设计需要在设计院进行详细设计和拆分设计。详细设计需最大限度地满足客户需求，而拆分设计需满足生产、运输及安装的要求。预制构件生产厂家根据自己企业的资源规划系统（ERP）组织批量高自动化地生产，构件通过运输系统到达工地安装，建筑工地相关活动包括现场施工、吊装定位、项目进度监控管理及材料的流向跟踪等。但在这一系列的设计、生产、运输、施工等活动中信息数据处理的软件工具往往不一致而可能导致信息沟通不畅。为了实现不同系统之间的互操作性，组织内和组织间必须进行有效的信息交换和正确的信息理解。如建筑设计阶段使用的计算机辅助设计系统（CAD）并不能支持预制构件制造流程中使用的企业资源规划（ERP）系统，消除不同系统间的语义和概念差距，需要强大兼容的信息技术和工具的支持以便在工业化建筑供应链合作伙伴间建立更好的整合。另一方面，预制和施工过程是同时进行的，工厂如果不能按时提供所需的建筑构件，工地可能发生成本增加的延误，反之，过早地把建筑构件存储在现场又会增加存储成本等，所以二者之间畅通的信息共享和密切协调尤为必要。

6.1.1 BIM 在工业化建筑建造各阶段的应用

BIM 应用的目的是推行建设工程设计、施工和管理工作中的工程信息的模型化和数字化，以避免信息流失和减少交流障碍。BIM 通过定义一组参数和流程用于建筑物设计、建造、运营的多维信息集成协作数据库的创建和维护，目的是促进各利益相关者的合作来减少项目沟通所需的时间和产生更可预测的项目结果。

设计阶段中的施工碰撞信息检查。利用 BIM 软件进行预制构件之间、预制构件与现浇构件之间、各类构件钢筋绑扎间的碰撞检查，把可能在实际安装过程中遇到的构件不匹配的问题提前解决。预制组件通常是设计、生产和装配由不同参与方在不同的地点分别完成，往往是在后期安装期间才发现设计错误。在预制组件（特别是预制混凝土构件）生产结束后，几乎是不可能修改它们，导致返工、时间延误和成本超支的大幅增加。

由于大量的或非标准形状的预制组件，其运输的可行性是设计师需要考虑的问题。一方面，预制组件的分解应便于运输。一些组件（如梁）可以很容易地批量运输，降低运输成本和时间。另一方面，为了方便运输组件到工地以及放置和安装这些组件，预制组件的设计应考虑到施工现场的位置和布局。这是使用传统设计方法难以处理但使用 BIM 技术可以容易地实现。BIM 提供的虚拟技术可以提前测试预制组件运输的可行性，可同时为运输和适用于建筑工地的位置和空间布局确定合适的预制组件的大小。

BIM 还可以对预制项目进行事先模拟，用于确保几何尺寸、节点细节和模型内的构件节点是正确放置和一致的，BIM 还可模拟建筑的施工过程，能够明确表述建筑和结构设计意图，确保所有的构件在空间上的一致性或消除空间冲突。在安装预制组件时安全也是一个严重的问题。一些预制组件体积较大又较重，导致安装困难和危险性增加。工人通常不能清楚地理解安装计划或顺序，当组件安装时，更容易发生事故，特别是与其他组件的碰撞，甚至与工人相撞，而且这些问题还不能够通过引入新的安全技术和监测各种临界点来避免，因此需要更多的管理人员来解决这些问题，导致管理成本升高。郭红领等提出了施工现场工人实时定位与安全预警系

125

统模型，通过 BIM 模块中的集成信息识别工人工作时可能遇到的危险区域，对现场施工工人通过 RFID 定位技术进行实时定位，并通过预警模块的信息设置对工人进行预警，大大降低了安全事故发生的可能性。

在工地现场等的应用。施工方可以在施工前应用 BIM 技术将建筑物及其施工现场 3D 模型与施工进度计划相链接，并与人力、材料、机械等施工资源以及场地布置信息集成一体，形成了多维信息管理。清华大学张建平对 BIM 在施工中更深入的应用研究还包括：开发具有自主知识产权的基于 BIM 的 4D 施工优化及动态管理系统，实现施工进度、资源、成本的优化控制、动态管理和 4D 虚拟模拟。Srinath S 建立了基于 BIM 的自动化施工现场布局规划流程框架，能动态优化现场临时设施的布局，快速确定各种施工设备的优化位置，对设计带来的变化即时地修改布局信息，使得现场人员和设备的运输距离最小化，并通过案例计算出场内整体运输距离使用优化方法比传统布局减少了约 13.5%。利用 BIM 的虚拟建造技术可以预先把施工工序进行模拟和仿真验证，提早发现可能存在的设计问题、不合理的构件或无法实现的安装问题等，可以对不同的施工方案进行优选，还可模拟预制件的存放地点、施工地点与塔吊旋转半径的关系。另外，在 BIM 中整合入时间维度还可以检验工序和施工方案的合理性。

在建筑物运营阶段，维修人员在设备管理维护中经常遭受电击、跌伤、撞击等伤害，虽然有安全培训、会议、制度的各种减除事故的措施，但个人没有足够的时间和精力去获取信息并遵守规定的警告，Eric M. Wetzel 提出了一种在设施管理阶段基于 BIM 的框架支持的安全维护和修理做法，对相关安全属性进行识别和分类，从初始数据流中识别分类属性，通过开发出的基于规则的系统加强与工人互动，降低了工人的安全风险、提高了工作效率和信息的知识传递。通过竣工后的 BIM 提供的准确完整的信息可以快速查询到项目中任何一个构件的相关信息并进行及时的维护，降低维护成本，对于可能的日后因建筑物用途改变而必需的结构改造，也可以快速地获得建筑物的结构信息。

6.1.2　基于 BIM 的工业化建筑供应链合作集成信息共享平台构建

在供应链全部流程中的信息，尤其是制造、运输和施工现场的进展信息需要透明地提供给所有项目参与者。因设计、建造、运营过程的割裂，造成项目在建造、运营阶段不能得到最优的效果，这时需要一个方便高效的平台，在这个平台上，可使工业化建筑供应链各参与方全面地了解项目、共享信息。对于项目在设计阶段的方案优化、施工阶段的模拟建造、预制部品部件的需求供应计划、设计变更带来的影响等也能预先地获知。而 BIM 正是这样一个可以解决此问题的优秀平台。BIM 为供应链企业间的信息共享提供了一个平台，并能够通过增强管理的互操作性、集成性、效率和有效性来增加项目的价值。高效和用户友好的信息技术应用程序可以改善信息共享。

1. 明确信息共享的内容和目标

工业化建筑供应链合作需要的共享信息包括 BIM 各专业的设计模型信息共享、预制构件需求信息共享、发运出货信息共享、预制构件的生产及库存信息共享等。

设计、施工、预制件供应商之间需要充分的共享信息。预制构件需要设计单位通过结构计算进行构件拆分设计；预制件供应厂家根据设计内容进行构件深化生产，而施工单位需要同时根据设计图纸与预制件厂家的图纸信息进行构件施工安装。若项目的构件规格、数量繁多，对照两套图纸进行匹配施工是难点。另外，预制部件多为不规则需与现场构件进行拼插的工艺，二者的对接需要进行 BIM 的施工步骤模拟以便制定出最优的施工方案，提高拼装的效率和质量。在 BIM 模型平台中，在修改某些局部构件的特性时，它所关联的相关工程量、数据汇总等信息会自动调整，也会被其他平台使用者所获知。在基于 BIM 的协同集成平台，设计方、预制件生产供应商可以同时利用此平台进行协同设计，通过建模软件把参数化、可视化的预制构件进行生产、安装的操作模拟以及构件间的碰撞检查，尽早发现设计问题，以便在后期顺利实现预制部品的生产、现场安装的无缝对接和高效协调。利用统一的基于 BIM 的集成平台对施工过程进行实时指导。设计方、施工方、预制部品供应商在此平台上根据基于同一 BIM 模型的项目获取同样的数据信息，并能针对出现的各自专业领域的问题与其他专业领域问题进行实时的信息沟通和解决问题。

2. 解决影响供应链合作中信息共享的障碍问题

供应链合作组织在提升信息共享能力遇到的主要障碍包括信息隐私、激励问题、可靠性、技术成本和复杂性、永久性、信息的准确性和有效性。

（1）供应链成员企业内部的信息交流问题。各供应链成员企业有时并不愿意拿出太多的信息与其他企业交流或共享，这一方面是因为信息公开会涉及企业的技术、资金、整体状况等企业可能不愿公开的内容，或者不公开的信息会给企业带来更有利的机会或提高谈判能力，企业会选择尽量少地公开信息。另一方面，信息公开的程度还取决于企业自身的数据信息系统的能力是否能够做到信息共享。

（2）使用单一技术的弊端。单一使用 BIM 技术在很大程度上也会与现实中的某个物理过程脱节。例如，设计工程师详细描述的架构或结构模型将保持静态状态，其内部的信息不能与正在进行的建造过程同步。在 BIM 中手动更新与物理建造过程相对应的信息是间断的、乏味的、耗时且容易出错。

（3）信息不对称对供应链成员企业的利润影响。实践证明，只有在所有供应链成员企业都能从信息共享中获利时，成员企业才有动力把自身的相关信息与其他企业共享。若有其中某一个企业只想分享利益而有意保留信息，则有可能导致供应链整体的合作信息危机和长期合作关系的破坏。

（4）共享信息的安全问题。供应链合作成员间的信息可能会由于信息保护技术不力或履行保护对方信息的义务不力使得一些成员企业在信息安全方面蒙受了损失而对信息共享产生退缩心理。

（5）信息共享的成本问题。信息技术解决方案的成本和复杂性是阻碍供应链扩大信息共享的主要障碍之一，信息共享需要供应链参与各方在信息软件、信息设备方面的投入，带来了一定的共享成本。

3. GIS、RFID 等技术在信息共享中的应用

BIM 的实施可能会影响项目组织内的所有过程，因此不能被孤立地处理作为一个软件工具，它被定义为是过程相关的而不是简单的技术和方法。集成有前途的信息技术，如射频识别（RFID）技术、GIS 系统、门户网站可以帮助提高效率和提高建筑业供应链的信息流控制系统效率。

（1）BIM 技术与地理信息系统（Geographic Information System，GIS）的集成

GIS 是一种空间信息数据管理系统。由于 BIM 无法呈现大范围的地形数据，无法对地理信息和周边的建筑环境进行整体展示。而 GIS 能运用其强大的地理空间数据库收集、存储、分析地理位置数据，二者的联合应用能够实现从几何形式到物理功能特性的数字化表达，能够实现各专业分散的信息传递到多个专业协同的信息共享。目前广泛用于城市规划、矿产勘查定位、建设项目施工进度、场景可视化等多个领域。

BIM 模型和 GIS 数据相结合，能够实现微观模型与宏观场景、数据的动态互动。BIM 中包含非常详细和丰富的建设信息，如但当计划现有的环境中拟建一幢新建筑时，从 BIM 模型信息通常无法与环境信息集成来计算相邻建筑物的阴影或进行覆盖率查看分析，而 GIS 通过使用物理和空间分析功能有能力进行空间分析，

BIM 在 GIS 环境下的系统集成可被用来改善建设项目的空间规划决策。将环境信息添加到 BIM—GIS 集成系统中能自动地从 BIM 和周边地区的信息中获得详细的补充施工信息而做出许多相应环境分析。Javier Irizarry 把 BIM 和 GIS 结合成独特的系统，通过跟踪供应链的动态来提供预警信号，使用 GIS—BIM 模型综合展现可用的资源和供应链可视化"地图"来确保材料的交付。通过引入基于 BIM 的项目时间控制模型和进度数据到 GIS 中，能够可视化和管理不同施工地点建设项目的进展。

（2）BIM 技术与无线射频识别技术（RFID）的集成

RFID 技术是一种利用不同频率无线电波来识别对象的技术。Tajima 的研究表明，无线射频识别应用最广泛的领域是物流和供应链管理，射频识别的实际价值在于能够实现将制造、输送、销售整合起来在任何地方即时地识别和存储对象的信息。高度的自动化和信息技术集成的项目生产效率可提高 31%～45%，物料跟踪研究表明，RFID 与劳动者手动跟踪定位材料的效率为 8∶1。

绝大多数的无源 RFID 标签应用于建筑行业。Lung-Chuang Wang 研究了在便携式移动电子设备中利用射频识别技术捕获和传输数据的能力，从而允许施工人员无缝地整合在实验室和工地之间的工作流程，建立了基于 RFID 的质量管理体系，通过 RFID 技术、移动设备、网站共同组成收集、筛选、管理、监测和质量数据共享的平台来帮助提高信息流在材料测试管理中的有效性和灵活性。Aaron Costin 研究了无源射频识别技术在室内建筑环境中的应用，对某高层建筑工地的窗户置换工程中使用了低成本的无源射频识别技术，并对劳动力状态进行了分析研究，对于高度、混凝土、金属元素等方面可能引起的障碍，RFID 技术运行良好。Tarek Elghamrawy 提出了应用 RFID 和 BIM 结合将施工文件归档和检索的新方法，首先根据 BIM 提供的原始数据建立包括施工文件原数据的模块，定义不同建筑构件的数据模块，制定文献信息，构件语义本体索引文件数据，然后利用射频识别技术作为一个概念识别机制用于自动识别建筑组件，以方便检索相关概念的概念本体，并开发了一个关系数据库，以保持标签和建设概念之间的关联，以实现准确高效地文件归档和检索。J.Majrouhi Sardroud 结合实时数据采集的最新的创新技术，通过 RFID、全球定位系统（GPS）和通用分组无线业务（GPRS）技术的组合应用并采用成本低和易于实施的解决方案来独特地识别材料、部件和设备，并建立了一个完全自动的系统能即时对它们三个阶段，即生产地点（非工地现场）、途中、施工作业地点（工地现场）的位置进行跟踪。Ebrahim 首先把建筑元素和 GIS 数据转换成

129

语义 Web 数据格式，然后使用一组标准化的本体施工操作来集成和查询异构时空数据，最后，使用一种查询语言来访问和获取语义 Web 格式的数据，利用 BIM 和 GIS 应用程序处理传输数据的集成进行地域和空间的建筑组件的互操作，主要用于预制构件在工地现场的规划布局。

4. 建立基于 BIM-GIS-RIFD 技术的信息共享平台

Ke Chen 把 BIM 和建筑联系的概念框架模型分为了三层：物理层、数据库层、BIM 层。物理层包括劳动力、材料、机械、资金、时间投入的一系列从项目筹建到项目拆除的全生命周期的实体性活动，在此过程中生成的各种类型的信息通过及时收集整理用来支撑不同阶段的决策制定。数据库存储了整个项目流程中通过不同技术收集的数据，并在 BIM 环境中通过数据格式转换进行协调工作，它确保信息的互操作性和安全性，只有经过授权的利益相关者才可以访问它。BIM 层涉及设计阶段共享模型的开发，它为各利益相关者提供真实、及时、可靠的信息以便其进行有效决策。针对在设计期间由于参与者使用不同的 BIM 软件产生的各种各样问题，包括数据丢失、难以沟通和工作效率不佳。Abdulsame Fazlia 通过建立三个集成概念（功能集成、信息集成管理、流程支持集成）提出了一个包括三个主要模块（BIM 模型器、BIM 检验员和 BIM 服务器）的基于 BIM 的协同设计系统，这些模块把"BIM 数据生成和文档管理、BIM 数据的质量评价和 BIM 数据存储和管理"作为集成设计系统的主要组件，通过模块间的联系来实现在整个建造流程中参与者之间的信息交流和沟通。

George Q. Huang 提出了由 RFID 硬件设备及相关软件服务组合起来形成一个网关产品服务系统（Gateway Product-Service System，GPSS）创新的框架，用于制造协作联盟成员之间的共享。建立了一个信息服务平台根据应用程序需求提供公共服务由不同的制造商共享来搜索和配置 RFID 芯片的智能对象和网关产品服务系统。制造企业联盟共享 RFID 芯片实时信息可追溯性或可见性的服务来支持他们的实时协作的生产决策。这种基于产品服务系统共享的方法大大降低了初始投资成本，减少了所需的专业技能水平，加快了安装流程和简化维修服务，并提高了 RFID 应用项目的可靠性。在预制构件生产、运输、安装施工中可为我们提供借鉴。

BIM 能够支持在整个生命周期的建设中收集、共享和管理信息。它构成了一个共享的合作平台，可以作为决策及其相邻流程的基础。建立这样一个平台，需要三方面内容，即基于项目的建模、模型共享的协同和基于网络的集成，其中有关建筑的所有信息是完全在一个平台环境中进行集成和管理。

（1）信息共享平台的设置目标

建立平台的目的是开发一个协同供应链环境来实现供应链成员间共同的发展目标，共享项目从设计到构件生产、运输，直至现场施工等全过程的实时信息来提高合作效率、降低合作成本。信息共享平台应达到下面目标：

① 共享设计阶段的BIM信息。供应链成员可以实时获取项目的可能设计变更的信息，预制部品部件供应商可以即时地获得分解后的构件设计及变更信息；

② 更新和同步建筑信息模型中来自不同的用户和应用程序的数据以便有效地更新可视化生产过程、施工过程和工地的变化；

③ 使用BIM规则将BIM与供应链各方信息同步；

④ 管理工地预制构件的订单信息实时传递到供应链中的直接供应商和分包商；

⑤ 依据共享平台、硬件设备能够可视化生产进度、运输进度和施工进度等。

（2）基于BIM-GIS-RIFD技术的信息共享框架

在建设项目中使用自动跟踪系统可以提高效率并能减少数据录入错误造成的人为信息失真，且减少劳动力成本。基于BIM-GIS-RIFD技术的信息共享模型步骤如图6.1所示。

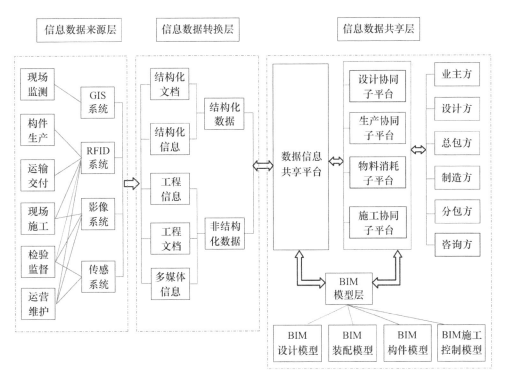

图6.1　基于BIM-GIS-RIFD技术的信息共享框架结构图
来源：作者自绘

131

对供应链各参与方的角色设定。对供应链各参与方包括设计方、预制构件生产商、总包商的项目经理、分包商、供应商、工地现场管理者等定义用户角色、设定相应的信息查看、信息编辑、信息发布等权限。参与者有不同的权限可以在模型中可视化、编辑和添加信息，更新 BIM 模型与建筑元素、站点设施、工作区和设备相关的属性设置。例如，承包商可以管理他们的分包商、供应商和工人的信息。现场安全协调员可以规定承包商和供应商在不同的施工阶段能使用哪些工作区域，他们可以利用这些信息来优化进度。该方法显示出交互式建模方法可视化的好处。

信息流程。下面以预制组件为例详细说明在整个设计至运营阶段，BIM 和 RIFD 技术结合后信息的流程。

设计阶段。在 BIM 环境中完成设计后，从模型中提取预制件及其数量的列表，并用于构件的制造阶段。BIM 中包含的预制构件的详细设计信息传达给预制部品生产商进行生产。RFID 技术被用作"桥接"技术，为了实现标准化生产，可在 BIM 中标注标签的位置，在标签中设置一个独特的识别号码，根据预先定义的命名规则，以便在中央数据库中注册预制组件，并将这些信息与数字 BIM 链接起来。

生产阶段。生产商在生产过程中在预制组件中嵌入 RFID 标签。组件生产完后进行测试，测试是为了检验预制件的质量是否符合工程要求，测试结果被转移到中央数据库，在那里进行自动分组。对于满足质量要求的预制件，在交货前妥善存放在仓库内。通过 RFID 读取器扫描组件，将组件的状态从"制造"更改为"存储"，并更新数据库中的这些信息。由于组件与 BIM 的数字表示联系，总包商可以远程获知和监控 BIM 中的预制件的状态，即信息的实时可见性和可追溯性。

交付阶段。交付时间表是根据嵌入 BIM 中的项目进度制定的。在这个项目中，可由第三方物流公司负责组件交付。在将预制部件装上卡车之前，要先读取嵌入式 RFID 标签，以确保正确的元件被传递。同时，这些组件的状态从数据库中的"存储"变成"运输"。总承包商同样通过 BIM 获知预制件的状态是已交付。一旦卡车到达现场，在损坏检查之后，状态由"运输"变为"交付成功"。

现场装配阶段。在安装过程中，工人使用手持 RFID 读取器扫描预制组件的标签，以获得 BIM 中的"设计"位置，从而保证没有预制部件安装在错误的位置。高层建筑也可以利用 GIS 和 AR 无人机技术，为安装工作提供实时现场信息。安装组件后，工作人员扫描嵌入的 RFID 标记，并在数据库和 BIM 中更新从"交付成功"到"安装完成"的状态。总包商可以参考 BIM 中每个组件的状态，获得实时施工过程的信息。在这种情况下，能够实现准时交货和现场装配。在安装过程中，可以利用 GIS 进行现场的可视化监测来保证施工的安全。

运行维护阶段。由于所有组件都安装了 RFID 标签进行标识和跟踪，并已连接到相应的 BIM 模型，一个组件可以很容易地与其他区别开来，如果发现了问题，设施管理人员可以快速地从模型中获得组件的精确位置，以便定期检查、分析和维护。传感器还将用于监视性能和捕获操作数据。如水或电的使用量等信息将被准确地记录在中央数据库中，以利于运营。

在工业化建筑从设计到运营维护的全过程中，各方对于预制组件的设计、生产、运输、安装、维护信息的获取是全面的、即时的和透明的，实现了各方的信息共享，能极大地提高生产效率和项目绩效。

6.1.3 建立基于 BIM 平台的供应链合作各方的信息共享机制

供应链合作需要使用 BIM 工具提供更深入的企业信息沟通，而不仅仅是信息交换、聚合和存储。在常规项目和当前 BIM 技术不能适应某些领域的设计和施工活动，这意味着还无法使用所有 BIM 的功能。这不是因为无法解决的技术问题，而是由于技术和社会制度之间的不协调。

虽然信息共享通常可以提高供应链的整体绩效和利润，但不同类型的供应链可能需要不同类型的信息共享机制，并有不同的假设和条件。不完全信息的应用提高了供应商机会主义行为的风险，透明的共享的信息系统具有减少不完全信息和不确定性的能力和功能，完善的信息共享保障机制、激励机制和约束机制可以减少协调成本和降低交易风险。

1. 建立供应链合作中信息共享的保障机制

建立供应链的信息共享保障制度或契约。在供应链企业合作中，除了依靠信息技术，还需要制定各成员企业信息共享的保障制度。制定各企业在使用公共信息和各企业私有信息时必须遵循的规范。供应链各企业除了共享供应链中的公共信息外，还会需要其他供应链企业的部分私有信息，而这部分私有信息有可能会给供应链其他企业带来额外收益，而没有支付额外成本。在基于 BIM 的信息平台上，供应链企业也倾向于"搭便车"和过度竞争，以便获得比以前更高的收益。与此同时，这些公司也将尽力维护他们获得的利益。因为"搭便车"、自我保护和过度竞争都是代价高昂的行为，在任何情况下，企业以往的成本—收益平衡都可能变得不平衡，并可能降至较低水平。因此，必须建立规范的信息共享的保障制度，包括制定公平的利益分配制度、禁止滥用和擅自传播供应链企业的私有信息，通过制度或契约的形式保障供应链成员企业私有信息的安全。在供应链环境下，共享信息的意愿是效率和信息资源响应性之间的权衡。通过供应链契约明确约定各自的信息共享的利益分配方式、风险承担方式，将信息共享的利益在供应链成员企业间公平合理地分配。

规范共享信息的质量。信息通过网络进行收集、传播和共享时，信息的质量是非常重要的。由于专有信息和机密信息通常是在供应链上传递的，因此保障交换信息的质量是一个关键问题。美国专利和商标局定义信息质量（IQ）需要涵盖客观性、实用性和完整性。客观性包含两个要素：陈述和实质。陈述要素侧重于确保信息的准确、清晰、完整，而实质要素侧重于确保信息的准确、可靠和公正。实用性指的是信息的有用性，而完整性指的是信息的安全性。信息共享是指将关键信息和专有信息分发给供应链合作伙伴时，应制定相应的规则、制度规范信息的质量。

通过信息契约来明确信息共享的主体、目标、方法、载体等，基于BIM的信息共享可以约定BIM应用的范围、提供数据的标准、应用的条件、使用的软件、信息交换的方式，建立完善的信息流通规范，通过规范信息的质量来减少信息误读和信息失真。

2. 建立供应链合作中信息共享的激励机制

建立供应链信息共享的激励契约。有效的供应链管理需要通过建立合适的激励机制来考虑供应链中所有成员的利润增加。供应链成员间是否愿意分享信息，取决于激励契约的制度设定以及企业的信息分享意愿。信息分享意愿能够反映出共享信息的质量，包括它的及时性、准确性、充分性、完整性和可靠性。这些维度加上所共享的信息的广度和所涉及的协调知识的水平，会影响到公司作出的决定的质量。由于各供应链节点企业都有自己的不公开信息，而带来信息不对称问题，这即需要设计一个信息共享的激励机制，通过对各种契约参数的设计，包括价格的激励、信息共享成本的分担等，鼓励供应链企业主动或愿意和其他合作伙伴共享自己的私有信息。

3. 建立供应链合作中信息共享的约束机制

信息共享内容分类，对应信息提供主体。对工业化建筑供应链中需要的各类信息，如预制件的需求时间计划、生产计划、吊装计划等进行详细列表，并一一对应供应链的信息提供主体。

信息访问权限设定。制定各类信息的共享级别，并根据供应链企业的类型和对信息的需求程度分配其相应的访问权限。

134

严格的信息共享契约。用合同、协议等契约的方式明确供应链各方应发布、共享信息的内容和范围，以制度的形式明确规范信息共享的主体、方式、利益分配和惩罚条款等。各方应保证其信息发布的真实性、完整性、时效性并对其负责，严格信息共享目标偏离或信息泄露的责任界定和相应的惩罚措施。约定信息的交互方式并提供完善的沟通路径，最大限度降低参与方的违约可能性，改善信息共享的效率。

6.2 工业化建筑供应链合作的关系治理路径

关系治理（Relational Governance）是指在一定程度上，供应链合作伙伴之间的关系不是严格限制的层级结构或市场结构，而是基于信任和长期合作的相互期望。供应链合作伙伴间一般是通过正式的合同来约定各方的权利义务关系，但成功的供应链合作还应包括合作关系协调、承诺、信任、高质量沟通、共同解决问题和分享信息的意愿。因为建设项目的临时性往往妨碍建立信任，所以参与者往往不愿分享信息，需要建立相应的关系治理机制促进工业化建筑供应链中的合作伙伴形成良好的合作关系。研究证明，关系治理对长期的合作绩效产生积极影响，建立良好的合作伙伴关系将会比企业单一行动带来更大的合作绩效效应。即使在短期合作中，关系治理也能带来合作绩效的提高。Ferguson对高新生物技术公司的研究表明，尽管合作时间短又存在高度不确定性的合作关系也会受益于关系治理。Wang分析了150家中国台湾供应链企业的治理问题，研究表明，关系治理能够提高企业间的信息透明度，能够使得企业获得的供应链灵活性更大。Zhi Cao通过对149份实证研究的论文分析发现：契约治理与关系治理中的信任和关系规范因素正相关。契约、信任和关系规范可共同改善满意度和关系绩效以及共同减少机会主义。

6.2.1 工业化建筑供应链合作的关系治理框架

关系治理是基于各种不可预见的环境情况下隐含的、灵活的"关系契约"，并没有法律约束力。工业化建筑供应链合作方要想建立成功的长期合作关系，需要二者之间的信任和承诺。信任和承诺都包括类似于关系规范的期望和功能，很多研究用信任和承诺联合关系规范导出它们的关系治理结构。信任和关系规范是最经常讨论的关系治理类型。信任是指在存在风险的交换关系中对合作伙伴的诚信、信誉和善意，充满自信而关系规范是通过提供一个参考框架，指导参与各方行为按预期方式行事。承诺是保持长期合作关系的驱动因素，是供应链企业合作伙伴形成稳定高效关系的关键和基础，是获得良好的合作绩效的必要条件，它有助于合作双方调整其工作方式和经营目标，减少机会主义行为和冲突，能帮助企业缓解环境不确定性带来的经营管理的复杂性，对供应链合作绩效产生正向影响。由于缺乏良好的意愿和伙伴之间的持久信任，而需要由经济控制机制产生了交易成本，但关系治理涉及稳定的长期的信任关系，会使得机会主义和经济控制手段最终变得不必要。关系治理中的自律和合作行为带来了较低的机会主义行为和较低的监控行为，进而降低了交易成本。关系治理能够提供供应链合作伙伴协作行为的实际机制，如灵活性、共享问题解决、自愿信息交换，以及在使用权力方面的约束，这些都可以提高项目的绩效。关系承诺理论认为承诺只是直接变量和中介变量的结果。信任与承诺影响成功的关系合作，信任影响关系承诺，关系承诺是愿意在关系中投资金融、实物或基于关系的资源。

Wathne & Heide 指出，企业可以使用不同类型的治理结构来管理机会主义，包括正式治理和关系规范。Audhesh K. Paswana 选择了 500 家医药行业中供应链中制药公司和分销商关于正式治理、关系规范对机会主义的影响进行实证研究结果表明，关系规范能更好地阐明供应链成员的角色和责任，能够减少机会主义的发生。Cao，Z. & Lumineau 认为合同治理、信任和关系规范共同提高满意度和关系绩效，并共同减少机会主义。Liu et al. 调查了 251 个制造商参加和分销商的数据发现关系规范和信任抑制机会主义行为同时提高关系绩效。当双方关系中存在着高度的相互信任时，双方彼此信任对方不会产生机会主义行为。他们更可能考虑他们合作伙伴的利益而不仅仅是自己的利益。

Baofeng Huo 利用 617 家制造企业的数据探讨了信息技术和关系承诺是如何从资源协同的角度影响供应链绩效，结果表明供应链合作能改善供应链绩效；信息技术与关系承诺能够改善供应链的合作绩效。Zainah Abdullah 对马来西亚 322 个批发商、分销商和零售商的调查数据分析结果表明：信任和信息共享显著影响了批发商、分销商和零售商与主要贸易伙伴之间的关系承诺水平，建议通过改善合作伙伴之间的信任和信息共享，改善供应链管理中的关系承诺。符少玲对广东省和海南省的 462 户农户与合作公司间的关系进行了实证研究，结果表明，信任能够正向影响关系承诺，信任、关系承诺能够正向影响信息共享；而信息共享能显著提高合作企业绩效。彭正龙对 125 家供应商企业与买方企业的合作关系调研分析结果表明，信任和信息共享能够通过关系承诺对合作绩效产生正向影响；信任能显著地正向影响承诺医院和承诺行为。杨建华调查了 166 家组成横向物流联盟的物流企业的合作关系，结果表明，关系承诺对合作联盟绩效有直接显著的正向影响。张旭梅通过对256 家供应链上下游企业合作关系的研究表明，信任对关系承诺、合作绩效存在显著的正向影响；关系承诺对合作绩效存在显著的正向影响。

根据上面文献中的实证研究三个关系治理的组成部分——关系规范（Relational Norms）、信任（Trust）、关系承诺（Relationship Commitment）等对机会主义行为、合作绩效的影响关系可以做出相应的假设：

关系规范、信任、承诺等关系治理手段能减少合作各方的机会主义行为。

关系规范、信任、承诺等关系治理手段能提高合作绩效。

根据上面两个假设，关系治理可作为一种关系规范、信任和承诺的组合。关系规范、信任和承诺是供应链合作关系的关键要素，信任是正常履行承诺的前提条件，承诺则是信任的结果，而关系规范则是信任和承诺的制度保障。工业化建筑供应链合作关系治理符合一般供应链合作关系治理的基本特征，这里拟建立工业化建筑供应链合作关系治理的初始概念模型，如图 6.2 所示。图中的（＋）、（－）分别代表正向、负向的影响。主要包括关系规范和关系行为（信任、承诺）两个维度。关系行为是合作方发展、维持或利用人际间关系的行为和努力；而关系规范是指导各方进行关系行为的准则或规则。

工业化建筑供应链合作还处于初期的推广阶段，实践性的数据难以获得，还无法对这些命题的假设进行实证检验。但我们初步的目的是建立一个可行的理论框架，对关系治理在工业化建筑供应链合作中的应用给出可行的建议。

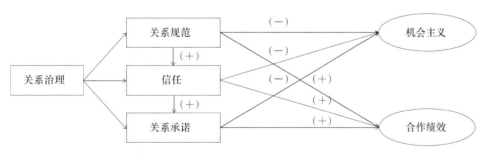

图 6.2　工业化建筑供应链合作关系治理的概念模型
来源：作者自绘

6.2.2　基于关系规范的工业化建筑供应链合作关系治理

关系规范是在关系形成初期建立的双方对合作关系的发展期望或对行为的预期

模式，用所确立的规范来指导合作伙伴的行为。一旦合作企业中形成了较为固定的关系规范，合作企业间的互动行为会受到此规范的约束，同样环境下会因关系规范的不同而可能产生不同的企业行为选择。工业化建筑供应链合作伙伴间的关系规范是合作过程中的内生产物，随着重复交易、循环反馈等互动行为的发生，关系规范逐步建立。

关系规范的四个维度，即团结性（Solidarity）、互惠（Reciprocity）、灵活性（Flexibility）与信息交换（Information exchange）。

团结性规范用于决定合作当事人感知他们之间关系的重要性，它体现在有助于维持合作关系的行为中，当一方陷入困境时，团结性规范对保护合作关系起着决定性作用。如当总承包商或预制部品部件供应商有一方出现困难时，另一方会提供诸如延期付款、供应计划调整、共同解决对方困境问题等来表示团结。

互惠性规范是使得合作双方相信自己的成功源于合作伙伴的共同成功，要求双方利益在长期合作中遵循均衡分配。这种互惠性规范会阻止合作方以牺牲合作伙伴的利益来实现自己的利益。这里的利益可以是较高的收入或较低的成本，也可能是信息获取或心理收益。如总承包商对预制部品供应商地域限制的依赖和市场激烈的竞争会促进互惠作为规范出现。

灵活性规范是指随着时间和外界环境条件的变化，双方愿意对初始期望进行调整来适应新的环境。预制装配式结构技术的研发是在不断进行，预制部品的生产研发也会随之而动，对于供应链中的合作关系应建立适应变化的灵活性规范来指导合作方的行为。

信息交换性规范表示双方愿意为对方积极提供有用的、完整准确的信息。如对于预制部品供应商延迟交货或质量问题，应及早和总承包商进行信息沟通，建立信息沟通的标准化通道，不会因此隐藏信息而损害双方的合作关系。

因此，在工业化建筑供应链合作中，应在供应链节点合作企业间建立关系的一般规则，围绕为了完成共同的合作目标制定非强制性的行为规范，把各方的行为进行统一规范，促使各方自觉遵守规则，自觉维护合作各方的利益和共同利益。

6.2.3　基于信任的工业化建筑供应链合作关系治理

在信任形成的初期，工业化建筑供应链合作企业声誉会对信任影响很大。供应链中最可信的承诺是供应商的声誉。供应链成员企业在建筑市场交易中形成了独特的声誉，在初次项目合作完成后，合作企业的声誉会影响到下一个新项目，由此，在合作初期，对于合作对象声誉的搜寻、评价和认可变得尤为重要。可以借助建筑行业协会或官方部门发布的信息平台查询合作企业的信用档案、诚信程度、工程业绩、诉讼、履约等情况。

工业化建筑供应链在运行中对于信任的维护需依靠各方的有效沟通和全面适当的履约。由于工业化建筑建造过程中信息量庞大、存在大量不确定性，及时的沟通协调是增进信任的有效途径。基于 BIM 的信息交流平台、工地定期的例会以及一些非正式的沟通都有利于促进供应链成员间的交流，进而保证信任和合作关系。供应链成员间多次反复的顺畅沟通、信任和合作会有利于形成长期的合作伙伴关系。如建筑总包商通过最初的预制件供应商企业声誉调查和合作伙伴的量化指标评价筛选出合作伙伴，在项目实施过程中通过信息平台等进行有效交流，供应商能保证按合约规定按时按质提供产品服务，在一次性项目完成后，会很容易形成长期的合作伙伴关系，进而会大幅降低总包商对合作伙伴的市场搜寻成本、二者的交易成本以及监督成本，促进了工业化建筑供应链的良性实践和长期发展，当承包商和预制件供应商选择根据客户的需要成功地完成项目时，信任要素就产生了。Olsen 研究发现已有的研究表明信任驱动其他治理机制并最终带来较好的项目成果，建立信任在供应链合作伙伴关系不是一个独立的过程，而是需要所有参与成员的集体努力。

尽管信任在合作过程中有着积极的影响，然而，Marjolein 的研究发现信任的作用并不像文献研究中期望的那样明确直接。原因可能包括需要识别信任的行为；需要建立信任机制和信任的行为之间的关系；信任的前因和结果之间的差异；或者并没有考虑委托人和受托人之间的相互依赖性。因此还需要建立信任机制。研究还发现缺乏合同激励和控制的信任导致了不良结果，相比而言，联合合同激励及权威的信任带来了清晰限定的各方作用，故仅当信任伴随着合同激励和控制系统时才会对项目结果产生有利的影响。这说明信任还应与合同治理相辅相成，共同推进合作企业间的信任发挥作用。

6.2.4 基于承诺的工业化建筑供应链合作关系治理

关系承诺有利于调整双方的工作行为和目标，减少机会主义行为，能够保持行动的一致性，使得双方能够建立长期稳定的合作关系。关系承诺能够增加合作方的情感联系，构件相似的企业组织文化和平滑的工作氛围，尤其在中国长期的传统民族文化中，"关系"承诺在企业间的合作关系中不仅能给合作伙伴留下深刻印象，而且能够和有价值的企业长期合作。Wu et al. 揭示了信任程度和信息共享增强了承诺，供应链合作伙伴承诺水平能够促进供应链管理业务流程的集成。在供应链中，合作企业愿意牺牲自己的短期利益来维护长期的合作关系，不会为了自身企业的物质利益去破坏合作关系，并尽最大努力去保持和发展持续的合作关系。关系承诺包括经济性的、情感性的、持续性的承诺，交易合作伙伴愿意尽最大努力去维持的双方关系可以直接改善合作绩效。关系承诺鼓励合作伙伴之间的合作，二者之间的经济性承诺表现为市场合作伙伴搜索成本的减少、发生机会主义行为的概率减少等，这也直接减少了二者之间的交易成本。

关系承诺包括承诺意愿和承诺行为。承诺意愿主要是如何形成和培养合作双方维持长期合作关系的主观心理意愿以及如何提升合作绩效，表达的是合作方的主观态度；而承诺行为是一种维持合作企业建立关系的特定行为，表达的是合作方对承诺的执行力度。如何在工业化建筑供应链合作过程中形成和建立关系承诺，针对这两种观点，应综合应用，工业化建筑项目从分散的供应链到完整的供应链的转变需要所有供应链成员心态、工作文化、行为方面的变化。开发商、设计师、承包商、供应商、制造商和安装商均需要重视良好的承诺，承诺是改善团队绩效和合作成功的重要整合因素。

6.2.5 工业化建筑供应链合作关系治理的演化路径

结合 Stanley E. Fawcett 建立的绩效水平—承诺关系矩阵建立合作关系演化路径图，如图 6.3 所示，据此来说明如何在工业化建筑供应链合作中绩效水平、信任、承诺、关系规范之间的关系如何演变。

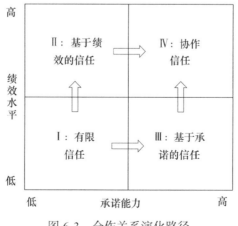

图 6.3 合作关系演化路径

在第Ⅰ象限中，合作关系尚未形成，不良绩效和可察觉的机会主义行为会损害信任，承诺能力和绩效水平均很低。这种情况下，总承包商或预制部品部件供应商需要做出某些承诺行为来表达自己与对方形成合作关系的意愿程度，如愿意继续合作，会在产品质量、产品计划、构件生产运输安装配合等过程中按时、按质地完成，努力提高合作绩效，促使合作关系向第Ⅲ象限演化。或者虽然初次合作的绩效水平不高，但供应链合作一方的可见的承诺行为是可信的，促使合作关系向第Ⅲ象限演化。

在第Ⅱ象限中，供应链合作伙伴能执行短期承诺，但不愿对于长期关系投入更多的资源，绩效能力高但承诺能力较低。这种情况下，说明总承包商和预制部品供应商在初次合作中取得了良好的合作绩效，但合作各方的承诺态度或承诺行为对这种良好绩效取得的贡献并不明显，促进关系自动演化的动力不足，总承包商或预制部品供应商应通过对长期关系投入资源或愿意牺牲短期利益来明确自己的承诺态度和承诺行为，如总包商承诺与预制部品供应商合作进行技术创新或新产品研发并承担部分的创新或研发成本，而预制部品供应商承诺愿意长期优先供应给总承包商质优价廉的产品或共同合作技术创新研发等。促使合作关系向第Ⅳ象限演化。

在第Ⅲ象限中，供应链合作伙伴不能执行承诺，各方寻求合作的过程中，不愿对信任进行投资，信任瓦解，并损害未来的关系，承诺能力高但绩效能力低。这种情况下，工业化建筑供应链合作各方或一方仅仅表现除了承诺意愿，但没能执行承诺行为，可能带来了预制部品未按时交货、产品现场安装不匹配、产品质量缺陷多等带来了合作绩效水平极低，这会极大地损害双方未来的合作关系持续和发展。这需要具体分析绩效水平低的原因，若要想形成长期的合作关系，未执行承诺的一方应严格按照关系规范的要求努力通过承诺行为来显著地表达自己继续和对方合作的意愿，由于己方的原因带来的绩效损失由自己承诺承担，努力让对方看到自己的承诺行为。

在第Ⅳ象限中，供应链合作伙伴执行承诺并努力建立强有力的未来合作关系，高水平的信任出现并形成高度紧密关系的基础，承诺能力和绩效能力均很高。达到了合作的理想状态。这种情况下，需要对双方的合作关系进行维护，合作过程中受外界环境变化、市场波动、组织变化等各方面的影响，合作一方也可能会退出合作关系或继续维持更巩固的关系。

在工业化建筑供应链关系治理的前期阶段，首先应界定供应链合作关系可能处于哪个象限中，重点分析在此象限中阻碍合作关系向协作信任演化的外界因素是什么？应用关系规范、信息共享等手段促进合作关系向协作演化。供应链合作企业若在前期合作中遵守承诺并带来了良好的合作绩效，且合作各方愿意为了维护长期合作关系投入关系资源和相互信任，则最终会达到第Ⅳ象限中的协作信任。

6.3　小　　结

工业化建筑供应链合作的实施路径需要综合考虑技术和关系两个方面，通过建立强有力的信息共享平台来实现流畅的信息沟通，并通过建立基于合作规范、信任和承诺的关系治理机制来实现供应链企业长期的合作。BIM技术的应用可以更好地支持信息集成并能改进所有利益相关者之间的合作，它一方面结合设计和可视化能力与丰富的参数化对象和属性建模，另一方面通过采用集成BIM-GIS-RIFD平台提供数字建筑模型与施工现场集成。还可以为合作各方重新设计项目的流程以促进不同的利益相关者更好地融入现代信息化的建设项目中。工业化建筑供应链合作关系治理可以分为关系规范、信任和关系承诺，三者均可以减少合作方的机会主义行为和改善合作绩效，对处于不同承诺水平和绩效水平下信任程度的供应链合作关系的不同阶段，在关系规范、外界环境、各方主观努力等因素的影响下能够逐渐向理想的协作信任演化。基于BIM的信息技术的应用和基于关系规范、信任、承诺的关系治理手段是改善供应链合作发展的瓶颈问题的有效措施。

第7章　研究总结与展望

7.1　主要研究结论

工业化建筑主要体现为生产方式的工业化，把大部分的现场施工改为了工厂化生产、工地装配的方式，与传统建筑粗放的生产方式存在较大区别。与此对应的工业化建筑供应链与传统建筑供应链的合作机理也存在着较大不同。本书根据现阶段工业化建筑初期推广的实践，以工业化建筑供应链合作机理为研究对象，从合作的动力机制、合作伙伴选择、合作绩效影响因素及合作的实施路径等几个方面，建立多个模型对工业化建筑供应链合作的机理进行了深入的研究，可以得出以下的主要研究结论：

（1）工业化建筑供应链合作的核心动力是合作各方的利益趋同，产业拉动、市场推动、资源驱动、制度导向是对合作推进的具体动力，交易成本的降低、能够获得超额收益、完成共同目标是合作的根本动力。在总包商与供应商合作的初期，总承包商应对供应商进行创新补贴，根据溢出效应、合作创新收益与成本分配、风险成本、创新补贴等几个方面的演化博弈分析能够找到最优的合作收益分配系数和风险损失减少值的最优分配系数，使得二者随着合作的深入最终会向着合作的方向演化。而且，合作的动力还来自于合作收益公平合理的分配。根据合作博弈的核、核仁、夏普利值三个不同解的结果，可以得出不同的分配方法能带来不同的分配结果。根据协同学中的自组织理论，可以得出工业化建筑供应链合作系统具备自组织演化的条件，在关键的序参量的影响下，合作系统会向高一级的有序组织态演化。

（2）预制构件供应商合作伙伴评价指标选择时应同时考虑积极因素和消极因素，建立了从利润、机会、成本和风险四个方面的 16 个评价指标，该指标有效表征了工业化建筑供应链合作伙伴评价的有形因素和无形因素。三角模糊数的专家打分方法更客观地对控制规则、评价指标进行量化分析，采用 BOCR 五种评价值综合技术方法和 TOPSIS 方法及修正的 M-TOPSIS 方法对合作伙伴进行评价排序，能够排除单一评价结论的偶然性、随机性的缺陷，并根据 6 种方案种最可能的排序来确定最优合作伙伴。敏感性分析能够排除小概率发生的评价指标对评价结果的影响，并应用灰色关联分析法对评价结果进行了验证，研究表明该评价方法的实用性和适用性较强。

（3）根据合作的财务绩效、合作的业务绩效、供应链流程合作能力、合作方的信息处理能力、合作关系的整合能力、合作发展能力六个方面，共有 24 个对工业化建筑供应链合作绩效产生影响的评价指标。云模型的方法通过 E_x、E_n、H_e 3 个数字特征能实现定性概念到定量数值的自然转换，DEMATEL 方法可以处理变量间复杂的因果关系，二者的结合和专家的评价能够找到对工业化建筑供应链合作绩效产生影响的最重要原因因素为信息获得的及时性、真实性；信息技术使用的深度和广度；信息共享的程度。并找到了对合作绩效影响的最关键的中心度因素为供应链的流程整合程度；合作关系的持续性；合作激励的合理性；合作中的信任关系；合作中的关系承诺等。通过合作绩效影响因素的分析，找到了促进供应链合作成功的关键因素。

（4）工业化建筑供应链合作的路径应分"硬""软"两条路线同时进行。"硬"路线需要强大的信息技术支撑，应用和建立基于 BIM 技术的信息沟通平台对供应链合作尤其重要。而"软"路线需要从关系规范、信任、关系承诺等方面进行关系治理，处于不同信任水平阶段的供应链合作关系可采取不同的措施方法促进合作关系向高效率的协同信任层级来演化。

7.2　可能的创新点

目前国内外针对工业化建筑供应链合作的研究文献不太丰富，鉴于此，本书重点对工业化建筑供应链的合作动力机制、合作伙伴选择、合作绩效的影响因素、合作的实施路径等从理论框架建构、模型方法探索等方面进行创新性的展开研究。本书的可能创新点包括：

（1）从产业、市场、资源、制度四个方面建立了工业化建筑供应链合作的动力因素模型。并从总包商和预制部品部件供应商的角度研究了合作创新的演化博弈流程，并找到了二者向合作演化的条件和演化稳定策略的影响因素。建立了工业化建筑供应链合作的博弈模型，并以总包商和预制部品供应商为例讨论了合作力量强与弱条件下对应的不同解。并讨论了工业化建筑供应链序参量影响系统自组织演化的过程。

（2）建立了工业化建筑供应链合作中针对预制部品部件供应商合作伙伴的评价指标体系和评价方法。综合积极和消极双方面因素建立评价指标体系，将 BOCR、FAHP、MTOPSIS 等多方法组合运用建立工业化建筑项目合作伙伴选择模型，并通过实例进行具体操作分析，使之具有较强的实践应用价值，敏感性分析的结果表明该评价方法得出的结论是可行的。同样的评价得分，采用灰色关联分析法进行验算，得出了同样的结论。

（3）构建了工业化建筑供应链合作绩效影响因素的评价指标体系和组合评价方法。把工业化建筑供应链合作绩效影响因素指标体系分为了包括财务绩效、业务绩效、流程绩效、信息处理能力、关系整合能力六类。建立了基于云模型 -DEMATEL的工业化建筑供应链合作绩效影响因素模型构建，找到了对合作绩效有重要影响的原因因素、结果因素和中心度因素。

（4）建立了基于 BIM 平台的信息沟通平台以及工业化建筑供应链合作的关系治理路径。把多种信息技术综合应用，建立了基于 BIM-GIS-RIFD 技术的信息共享框架，并提出了信息共享的保障机制、激励机制和约束机制来共同推进供应链合作各方信息共享的实施。建立了工业化建筑供应链合作关系治理的概念模型，合作规范、信任、关系承诺能够降低交易成本，提高关系绩效和合作绩效，关系治理机制更有助于供应链合作各方建立长期的合作。

7.3 研究不足与展望

工业化建筑供应链合作研究是一项较新的研究课题，尤其是处在我国推行工业化建筑推广的初期阶段，需要进一步完善供应链合作机制的理论和方法。本书对工业化建筑供应链的合作问题虽然进行了较为系统的研究，但仍有以下问题需要进一步探讨：

1. 工业化建筑供应链的合作理论方面

下一步的研究应加强探索建立工业化建筑完整供应链合作的理论方法。研究工业化生产的方式如何有效地应用到建筑业，如何准确理解工业化生产的先进理论、产品特点并探讨如何建立核心企业与上游、下游供应链企业的合作关系，如何通过供应链合作和战略联盟的方式实现企业共赢，建立适应工业化建筑的生产合作流程。

2. 合作伙伴的指标选择方面

合作伙伴选择评价指标主要通过文献调研和专家访谈获得，下一步应设计调查问卷，并通过结构性访谈选取科研和实践方面的专家修正问卷内容后进行广泛的问卷调查，获取工业化建筑供应链合作伙伴的关键指标体系。

3. 合作绩效的影响因素方面

本研究有待进一步收集工业化建筑供应链合作的典型案例和资料，对影响工业化建筑供应链合作的影响因素进行验证，切实找出工业化建筑供应链合作的关键影响因素和影响程度。下一步的关键问题是根据影响因素和实际供应链合作案例进行绩效评价和效率测度，对供应链合作的效果和效率进行量化分析。

4. 合作的实施路径方面

本书缺乏针对工业化建筑供应链运作的统计数据和详细的预制构件或建筑部品的供应商的详细生产数据，使得很多研究内容均采用了文献调查和定性研究，后续的研究将会随着工业化建筑供应链的动态发展进行指标或模型的修正。工业化建造的方式需要解决预制产品生产、运输、现场施工、运营维护、拆除回收等产品、技术和服务方面创新性的研发问题，在这个过程中，信息化工具的应用是至关重要的。下一步应尝试通过建立基于 BIM 的全生命周期信息服务来提升建造流程的信息沟通效率、建筑物价值和整体创新。

附　录

调研项目一览表

序号	项目名称	项目规模	供应链参与方
1	济南港新苑公租房	共 6 栋住宅、1 栋公建，合计建筑面积为 9.41 万 m²	建设单位：济南市城市建设投资有限公司 施工单位：山东聊建集团 预制件供应商：山东万斯达建筑科技有限公司
2	济南滨河新苑公租房	滨河新苑 2 栋住宅，建筑面积约 2.06 万 m²	建设单位：济南市小清河开发建设投资有限公司 施工单位：山东三箭建设工程股份有限公司 预制件供应商：山东万斯达建筑科技有限公司
3	济南西城济水上苑 17 号楼	共 1 栋住宅楼，建筑面积为 1.9 万 m²	建设单位：济南市西城投资开发集团 施工单位和预制件供应商：山东万斯达建筑科技股份有限公司
4	济南鲁能领秀城公园世家	共 4 栋 11 层和 11 栋 17 层的住宅、1 栋 2 层公建，共 18.82 万 m²	建设单位：鲁能亘富开发有限公司 施工单位：中建三局 预制件供应商：山东平安建筑工业化科技有限公司、山东明达建筑科技有限公司
5	济南市市中区搬倒井村安置项目	共 3 栋 17 层和 5 栋 18 层住宅、1 处地下车库，共 13.73 万 m²	建设单位：济南中博置业有限公司 施工单位：济南一建集团总公司 预制件供应商：东齐兴住宅工业有限公司、济南方圣混凝土构件有限公司

初始直接关系矩阵

	B1	B2	B3	B4	B5	B6	B7	B8	B9	B10	B11	B12	B13	B14	B15	B16	B17	B18	B19	B20	B21	B22	B23	B24
B1	0	0.2	0	0.8	0	0	0	0	0	3.4	0	0	0	0.2	3.4	1.8	2	1.8	2	1	1	0	1	1.6
B2	2.6	0	2.8	1.6	2	2.2	2	1	1	2	1.4	0	0	0	2.6	0	0	2	2	0.8	0	0	0	0.8
B3	3.6	1	0	0.6	0.6	0	0	0	0	3.4	1.2	0	0	0	3.2	0.6	0.6	0.8	1.2	1.2	0	0	2	1.8
B4	0	0	0	0	0	0	0	0	0	0	0	0	0	0	2.8	0.8	1.4	1.4	1.8	0.2	1.2	1.2	0.8	1.4
B5	2	1.4	1.4	3.4	0	3.4	1.2	1	1	3	2	0.6	0.6	0.8	3.4	0	1.8	1.8	1.8	1	1.8	1.2	0.4	0.2
B6	1.8	0.4	1.6	3.4	0	0	0.2	0	1.6	3.2	1	0.4	0.4	0.2	3.4	1	1	1	1	0.2	0.2	0	0.2	0.4
B7	2.4	0	0	0	3	3	0	0.4	0	3	2.8	0	0	0.4	3	0	0	0	0.8	0.8	0.8	1	0	0
B8	3.4	2.4	2.8	2.8	3.8	3	0.2	0	3	3	1.8	0	0	0	3.2	1	2	0.2	2.8	1	1	0.8	0.4	1.2
B9	3	1.4	3	3	3	3.8	0.8	0.6	0	3.2	2.6	0	0	0.2	3.4	0.4	1.6	1.2	2.2	0.6	0.8	1.4	0.2	0.2
B10	0.2	0.2	0.2	2.6	0	0	0	0	3	0	2.2	1.4	1.4	0	3.4	0.4	1.8	1	2.8	0.6	1.4	1.4	1.2	1.2
B11	3	2.8	3.2	3	3	3	3	2.2	2.2	3	0	0	2.4	1.4	3	3	1.6	1.6	2.2	1.4	1.4	2.4	1.4	1.4
B12	1.8	0.6	2	2.2	3	3	2.6	1.8	2.2	3	2	0	0	2.8	2.4	3.2	3.2	3	2.2	2.2	2.2	2	2	1.6
B13	2.8	1	3	2.4	3	3.2	3	2.2	2.2	3.2	3	3.4	0	3.6	3	3	2.2	2	2.6	2	1.4	2.6	2.6	2.6
B14	3.6	2.6	3	2.8	3	3	3.4	2	2.2	3.6	3.6	3.6	3.6	0	3.4	3.4	3	3	2.8	2.8	2.4	1.2	2.4	2.6
B15	0	0	0.2	0.6	0	0	0.2	0	0	1.4	1.4	0	0	0.4	0	1.4	3.2	3	3	0.6	1.2	2.6	2.2	2
B16	2.8	1.4	2.4	2.8	3.2	2.8	3.2	2.8	2.8	3.4	3	1.8	2	3	3.4	0	3.2	3.2	3.4	2.6	1.4	2	1.8	1.8
B17	2.6	1.2	2.8	2.4	3.2	3.2	3.6	2.2	2.2	3.8	3.8	2.8	1.8	3	3.8	3.6	0	3.6	3.6	2.8	1.6	2.4	2.4	2.2
B18	3	2.2	2.8	2.2	3.4	3.4	3	3	3	3.6	3.2	2	1.8	3	3.4	3.4	3.4	0	3.8	3.2	2.4	2.4	2.2	2.2
B19	3.4	2.4	3.2	2.2	2.4	2.4	2.2	2.2	2.2	3.6	3.6	0.6	0	3.4	3.2	3.2	3	3	0	2.2	2	2.4	2.6	2.6
B20	1.8	1.6	1.8	1.8	1.8	1.8	2	2	2	3.4	3.2	0	2	0	3	3.4	2	2.6	2	0	2	2.4	1.2	1
B21	3.4	2.2	3	2.2	3.2	3	3	3.2	3.4	3.4	3.4	1.8	1.8	3.4	3.6	3.4	3.4	3.6	3	3	0	2.4	2.6	2.4
B22	3.4	1.8	2.2	2	2	2	2.4	2.2	2.2	3.2	3	1.8	1.8	1.8	3.4	3.2	3	3	3.2	2.4	3	0	2.2	2.4
B23	2.6	2	2.6	2.6	2.8	3	2	2.8	2.8	2.6	3	0	0	2.8	2.8	1.4	1	1	3	1.4	1.8	2	0	2.4
B24	0	0	0	0	0	0	0	0	0	0.4	2.4	0	0	0	2.4	0	0	0	0	0	0	0	1.2	0

En 的计算值

	B_1	B_2	B_3	B_4	B_5	B_6	B_7	B_8	B_9	B_{10}	B_{11}	B_{12}	B_{13}	B_{14}	B_{15}	B_{16}	B_{17}	B_{18}	B_{19}	B_{20}	B_{21}	B_{22}	B_{23}	B_{24}
B_1	0.000	0.401	0.000	0.802	0.000	0.000	0.000	0.000	0.000	0.601	0.000	0.000	0.000	0.401	0.601	0.802	0.501	0.401	0.501	0.000	0.000	0.000	0.000	0.601
B_2	0.601	0.000	0.401	0.802	0.501	0.401	0.000	0.000	0.000	0.000	0.601	0.000	0.000	0.000	0.601	0.000	0.000	0.000	0.000	0.401	0.000	0.000	0.000	0.401
B_3	0.601	0.000	0.000	0.802	0.601	0.000	0.000	0.000	0.000	0.601	0.401	0.000	0.000	0.000	0.401	0.601	0.601	0.401	0.401	0.401	0.000	0.000	0.501	0.802
B_4	0.000	0.000	0.000	0.000	0.000	0.000	0.000	0.000	0.000	0.000	0.000	0.000	0.000	0.000	0.802	0.401	0.601	0.601	0.802	0.401	0.802	0.802	0.802	0.601
B_5	0.501	0.601	0.000	0.601	0.000	0.601	0.401	0.000	0.000	0.000	0.000	0.601	0.601	0.401	0.601	0.000	0.401	0.401	0.401	0.000	0.401	0.401	0.601	0.401
B_6	0.401	0.601	0.601	0.601	0.000	0.000	0.401	0.000	0.802	0.401	0.000	0.000	0.601	0.401	0.601	0.000	0.501	0.501	0.501	0.401	0.401	0.000	0.401	0.601
B_7	0.902	0.000	0.000	0.000	0.000	0.000	0.000	0.601	0.000	0.501	0.401	0.601	0.601	0.601	0.000	0.000	0.000	0.000	0.401	0.401	0.401	0.000	0.000	0.000
B_8	0.601	1.203	0.401	0.401	0.401	0.000	0.401	0.000	0.000	0.000	0.401	0.000	0.000	0.000	0.401	0.501	0.000	0.401	0.401	0.000	0.401	0.000	0.601	0.802
B_9	0.501	0.902	0.000	0.000	0.000	0.401	0.802	0.601	0.000	0.401	0.601	0.000	0.000	0.401	0.601	0.802	0.802	0.802	0.401	0.902	0.601	0.401	0.401	0.401
B_{10}	0.401	0.401	0.401	0.601	0.000	0.000	0.401	0.000	0.000	0.000	0.401	0.000	0.000	0.000	0.601	0.000	0.401	0.501	0.401	0.601	0.601	0.601	0.401	0.401
B_{11}	0.000	0.401	0.401	0.000	0.000	0.000	0.000	0.000	0.000	0.000	0.000	1.403	1.403	1.403	0.000	0.000	0.601	0.601	0.401	0.601	0.601	0.601	0.601	0.601
B_{12}	0.401	0.601	0.401	0.401	0.501	0.501	0.601	0.401	0.401	0.000	0.000	0.000	0.601	0.401	0.601	0.401	0.401	0.000	0.601	0.401	0.601	0.601	1.002	0.601
B_{13}	0.401	0.501	0.000	0.601	0.000	0.401	0.000	0.401	0.401	0.401	0.000	0.000	0.000	0.601	0.000	0.000	0.401	0.000	0.000	0.000	0.902	0.000	0.902	0.601
B_{14}	0.601	1.403	0.501	0.401	0.000	0.000	0.601	0.000	0.000	0.601	0.601	0.601	0.601	0.000	0.601	0.601	0.401	0.000	0.401	0.401	0.601	0.601	0.601	0.401
B_{15}	0.000	0.000	0.401	0.902	0.000	0.000	0.401	0.000	0.000	1.403	0.601	0.000	0.000	0.802	0.000	1.403	0.802	0.501	0.501	0.601	0.401	0.401	0.401	0.000
B_{16}	0.401	0.902	0.601	0.401	0.401	0.401	0.401	0.401	0.401	0.601	0.000	0.802	0.000	0.000	0.601	0.000	0.401	0.401	0.601	0.601	0.902	0.601	0.401	0.000
B_{17}	0.601	0.802	0.401	0.601	0.401	0.501	0.601	0.802	0.802	0.401	0.401	0.802	0.501	0.601	0.401	0.601	0.000	0.601	0.601	0.601	0.601	0.501	0.601	0.601
B_{18}	0.501	0.401	0.401	0.401	0.601	0.401	0.000	0.000	0.000	0.601	0.401	0.000	0.601	0.000	0.401	0.601	0.000	0.000	0.000	0.802	0.601	0.601	0.802	0.802
B_{19}	0.601	0.601	0.401	0.401	0.601	0.601	0.000	0.401	0.000	0.601	0.601	0.601	0.601	0.000	0.401	0.401	0.000	0.000	0.000	0.401	0.501	0.902	0.601	0.601
B_{20}	0.401	0.000	0.802	0.401	0.401	0.401	0.000	0.000	0.000	0.601	0.401	0.000	0.000	0.000	0.000	0.601	0.000	0.902	0.000	0.802	0.000	0.000	0.802	0.501
B_{21}	0.601	0.802	0.501	0.401	0.401	0.501	0.601	0.401	0.601	0.601	0.601	0.401	0.401	0.601	0.601	0.601	0.601	0.601	0.501	0.000	0.000	0.601	0.601	0.601
B_{22}	0.902	0.401	0.401	0.000	0.000	0.000	0.000	0.401	0.401	0.401	0.000	0.501	0.401	0.401	0.601	0.401	0.000	0.000	0.000	0.601	0.401	0.000	0.802	0.601
B_{23}	0.902	0.000	0.601	0.601	0.401	0.000	0.000	0.401	0.000	0.601	0.000	0.000	0.000	0.401	0.601	0.601	0.000	0.000	0.000	0.601	0.000	0.501	0.000	0.601
B_{24}	0.000	0.000	0.000	0.000	0.000	0.000	0.000	0.000	0.000	0.802	0.902	0.000	0.000	0.000	0.601	0.000	0.000	0.000	0.000	0.000	0.000	0.000	0.401	0.000

附表 4

He 的计算值

	B₁	B₂	B₃	B₄	B₅	B₆	B₇	B₈	B₉	B₁₀	B₁₁	B₁₂	B₁₃	B₁₄	B₁₅	B₁₆	B₁₇	B₁₈	B₁₉	B₂₀	B₂₁	B₂₂	B₂₃	B₂₄
B₁	0.000	0.198	0.000	0.239	0.000	0.000	0.000	0.000	0.000	0.248	0.000	0.000	0.000	0.198	0.248	0.239	0.499	0.198	0.499	0.000	0.000	0.000	0.000	0.248
B₂	0.248	0.000	0.198	0.396	0.499	0.198	0.000	0.000	0.000	0.000	0.248	0.000	0.000	0.000	0.248	0.000	0.000	0.000	0.000	0.198	0.000	0.000	0.000	0.198
B₃	0.248	0.000	0.000	0.248	0.248	0.000	0.000	0.000	0.000	0.248	0.198	0.000	0.000	0.000	0.198	0.248	0.248	0.198	0.198	0.198	0.000	0.000	0.499	0.239
B₄	0.000	0.000	0.000	0.000	0.248	0.000	0.000	0.000	0.000	0.000	0.000	0.000	0.000	0.000	0.239	0.198	0.248	0.248	0.239	0.198	0.239	0.239	0.239	0.248
B₅	0.499	0.248	0.248	0.248	0.000	0.000	0.198	0.000	0.000	0.000	0.000	0.248	0.248	0.198	0.248	0.000	0.198	0.198	0.198	0.000	0.198	0.198	0.248	0.198
B₆	0.198	0.248	0.248	0.248	0.000	0.248	0.198	0.000	0.396	0.198	0.000	0.248	0.248	0.198	0.248	0.000	0.499	0.499	0.499	0.198	0.198	0.000	0.198	0.248
B₇	0.118	0.000	0.000	0.000	0.000	0.000	0.000	0.248	0.000	0.499	0.198	0.248	0.248	0.248	0.248	0.000	0.000	0.499	0.198	0.198	0.198	0.000	0.000	0.000
B₈	0.248	0.594	0.000	0.198	0.198	0.000	0.198	0.000	0.000	0.000	0.198	0.000	0.000	0.000	0.198	0.499	0.000	0.198	0.198	0.198	0.000	0.000	0.248	0.000
B₉	0.499	0.118	0.000	0.000	0.000	0.198	0.239	0.248	0.000	0.198	0.248	0.000	0.000	0.198	0.248	0.396	0.396	0.239	0.198	0.248	0.198	0.198	0.198	0.198
B₁₀	0.198	0.198	0.198	0.248	0.000	0.000	0.000	0.000	0.198	0.000	0.198	0.412	0.412	0.000	0.248	0.248	0.198	0.499	0.198	0.118	0.248	0.248	0.198	0.248
B₁₁	0.000	0.198	0.198	0.198	0.198	0.198	0.000	0.198	0.198	0.000	0.000	0.412	0.412	0.412	0.000	0.000	0.248	0.248	0.198	0.248	0.248	0.248	0.248	0.248
B₁₂	0.198	0.248	0.499	0.198	0.248	0.248	0.248	0.198	0.239	0.000	0.000	0.000	0.248	0.198	0.248	0.198	0.198	0.000	0.198	0.198	0.198	0.248	0.069	0.248
B₁₃	0.198	0.499	0.000	0.248	0.000	0.198	0.000	0.198	0.198	0.000	0.000	0.248	0.000	0.248	0.000	0.000	0.198	0.000	0.248	0.000	0.118	0.000	0.118	0.248
B₁₄	0.248	0.575	0.499	0.198	0.000	0.000	0.248	0.000	0.198	0.248	0.248	0.248	0.248	0.000	0.248	0.248	0.000	0.000	0.198	0.198	0.248	0.248	0.248	0.248
B₁₅	0.000	0.000	0.198	0.118	0.000	0.000	0.198	0.000	0.000	0.412	0.248	0.000	0.000	0.396	0.000	0.412	0.239	0.499	0.499	0.248	0.000	0.198	0.198	0.000
B₁₆	0.198	0.118	0.248	0.198	0.198	0.198	0.198	0.198	0.198	0.248	0.000	0.239	0.000	0.000	0.248	0.000	0.198	0.198	0.248	0.248	0.118	0.248	0.198	0.198
B₁₇	0.248	0.239	0.198	0.248	0.198	0.198	0.248	0.239	0.239	0.198	0.198	0.239	0.499	0.248	0.198	0.248	0.000	0.248	0.248	0.239	0.248	0.499	0.069	0.198
B₁₈	0.499	0.198	0.198	0.198	0.248	0.248	0.000	0.000	0.000	0.248	0.198	0.239	0.248	0.000	0.248	0.248	0.248	0.000	0.198	0.198	0.248	0.248	0.118	0.248
B₁₉	0.248	0.248	0.198	0.198	0.248	0.248	0.198	0.198	0.198	0.248	0.248	0.248	0.248	0.000	0.198	0.198	0.000	0.000	0.000	0.239	0.499	0.118	0.248	0.248
B₂₀	0.198	0.248	0.239	0.198	0.198	0.198	0.000	0.000	0.000	0.248	0.198	0.248	0.000	0.000	0.000	0.248	0.000	0.118	0.000	0.118	0.000	0.000	0.239	0.499
B₂₁	0.248	0.239	0.499	0.198	0.198	0.499	0.000	0.198	0.248	0.248	0.248	0.239	0.198	0.248	0.248	0.248	0.248	0.248	0.499	0.000	0.000	0.248	0.248	0.248
B₂₂	0.118	0.198	0.198	0.198	0.000	0.000	0.248	0.198	0.198	0.198	0.000	0.499	0.198	0.198	0.248	0.198	0.000	0.000	0.198	0.248	0.000	0.000	0.239	0.248
B₂₃	0.118	0.000	0.248	0.248	0.198	0.000	0.000	0.198	0.198	0.248	0.000	0.000	0.000	0.198	0.198	0.248	0.000	0.000	0.000	0.248	0.198	0.499	0.000	0.248
B₂₄	0.000	0.000	0.000	0.000	0.000	0.000	0.000	0.000	0.000	0.396	0.118	0.000	0.000	0.000	0.248	0.000	0.000	0.000	0.000	0.000	0.000	0.000	0.198	0.000

附表 5

各因素的影响关系矩阵 D

	B₁	B₂	B₃	B₄	B₅	B₆	B₇	B₈	B₉	B₁₀	B₁₁	B₁₂	B₁₃	B₁₄	B₁₅	B₁₆	B₁₇	B₁₈	B₁₉	B₂₀	B₂₁	B₂₂	B₂₃	B₂₄
B_1	0.000	0.997	0.000	0.993	0.000	0.000	0.000	0.000	0.000	0.992	0.000	0.000	0.000	0.997	0.992	0.992	0.993	0.995	0.993	1.000	1.000	0.000	1.000	0.994
B_2	0.993	0.000	0.991	0.825	0.993	0.994	1.000	1.000	1.000	0.870	0.994	0.000	0.000	0.000	0.878	0.000	0.000	0.909	0.800	0.996	0.000	0.000	0.000	0.853
B_3	0.859	1.000	0.000	0.773	0.846	0.000	0.000	0.000	0.000	0.992	0.838	0.000	0.000	0.000	0.653	0.995	0.995	0.996	0.996	0.887	0.000	0.000	0.993	0.944
B_4	0.000	0.000	0.000	0.000	0.000	0.000	0.000	0.000	0.000	0.000	0.000	0.000	0.000	0.000	0.939	0.853	0.895	0.929	0.944	0.912	0.993	0.993	0.870	0.780
B_5	0.993	0.994	0.994	0.992	0.000	0.992	0.996	1.000	1.000	1.000	1.000	0.995	0.995	0.996	0.725	0.000	0.807	0.807	0.639	0.833	0.639	0.686	0.800	0.872
B_6	0.713	0.905	0.892	0.863	0.000	0.000	0.912	0.000	0.992	0.000	1.000	0.000	0.000	0.912	0.863	0.994	0.937	0.937	0.937	0.997	0.912	0.000	0.872	0.936
B_7	0.947	0.000	0.000	0.000	1.000	1.000	0.000	0.995	0.000	0.988	0.991	0.995	0.995	0.936	0.909	0.000	0.000	0.000	0.776	0.898	0.898	0.000	0.000	0.000
B_8	0.697	0.986	0.991	0.991	0.976	1.000	0.997	0.000	1.000	0.923	0.864	0.000	0.000	0.000	0.988	0.994	1.000	0.997	0.794	0.833	0.833	1.000	0.995	0.993
B_9	0.886	0.648	0.938	0.938	0.938	0.976	0.947	0.995	0.000	0.857	0.917	0.000	0.000	0.997	0.907	0.878	0.992	0.946	0.842	0.995	0.996	0.996	0.872	0.742
B_{10}	0.802	0.715	0.997	0.993	0.000	0.000	0.000	0.000	0.000	0.000	0.779	0.985	0.985	0.000	0.863	0.777	0.607	0.801	0.794	0.926	0.929	0.929	0.887	0.887
B_{11}	0.938	0.794	0.741	0.909	1.000	1.000	1.000	0.994	0.994	1.000	0.000	0.000	0.000	0.985	0.909	0.909	0.927	0.830	0.842	0.755	0.895	0.895	0.929	0.929
B_{12}	0.995	0.935	0.931	0.994	0.993	0.993	0.993	0.864	0.842	1.000	1.000	0.000	0.000	0.293	0.994	0.988	0.653	0.909	0.842	0.779	0.779	0.881	0.927	0.892
B_{13}	0.794	0.907	0.857	0.919	0.857	0.528	0.909	0.842	0.842	1.000	1.000	0.542	0.000	0.904	0.909	0.938	0.842	1.000	0.917	0.909	0.950	0.870	0.757	0.878
B_{14}	0.904	0.914	0.993	0.717	1.000	0.938	0.992	0.909	0.842	0.988	0.992	0.000	0.985	0.000	0.992	0.992	0.938	1.000	0.717	0.991	0.729	0.993	0.729	0.878
B_{15}	0.000	0.000	0.802	0.952	0.000	0.000	0.872	0.000	0.000	0.904	0.895	0.985	0.542	0.992	0.000	0.951	0.992	0.993	0.923	0.935	0.838	0.838	0.779	0.870
B_{16}	0.991	0.992	0.919	0.484	0.988	0.991	0.741	0.991	0.991	0.951	0.909	0.000	0.000	0.000	0.992	0.000	0.443	0.528	0.788	0.878	0.950	0.917	0.864	0.995
B_{17}	0.917	0.800	0.717	0.919	0.741	0.741	0.904	0.942	0.942	0.503	0.976	0.802	0.993	0.994	0.474	0.992	0.000	0.904	0.859	0.908	0.751	0.897	0.919	0.842
B_{18}	0.886	0.598	0.794	0.779	0.907	0.907	0.909	0.811	0.811	0.474	0.741	0.741	0.800	0.870	0.907	0.863	0.992	0.000	0.474	0.443	0.881	0.813	0.912	0.942
B_{19}	0.788	0.919	0.741	0.842	0.881	0.881	0.994	0.994	0.994	0.904	0.904	0.995	0.995	1.000	0.653	0.653	0.909	1.000	0.000	0.942	0.897	0.918	0.750	0.750
B_{20}	0.807	0.892	0.944	0.864	0.807	0.807	0.909	0.909	0.909	0.859	0.653	0.000	0.000	0.000	0.938	0.907	1.000	0.991	1.000	0.000	0.800	0.714	0.918	0.907
B_{21}	0.907	0.912	0.763	0.842	0.741	0.923	1.000	0.988	0.992	0.863	0.907	0.995	0.995	0.992	0.992	0.863	0.992	0.689	0.993	1.000	0.000	0.994	0.755	0.813
B_{22}	0.913	0.639	0.677	0.909	0.909	0.800	0.994	0.842	0.779	0.863	0.909	0.931	0.864	0.807	0.863	0.653	0.909	0.909	0.528	0.994	1.000	0.000	0.912	0.881
B_{23}	0.796	0.909	0.917	0.993	0.991	1.000	0.870	0.794	0.794	0.653	1.000	0.000	0.000	0.794	0.717	0.929	1.000	1.000	0.938	0.895	0.995	0.993	0.000	0.881
B_{24}	0.000	0.000	0.000	0.000	0.000	0.000	0.000	0.000	0.000	0.926	0.991	0.000	0.000	0.000	0.919	0.000	0.000	0.000	0.000	0.000	0.000	0.000	0.996	0.000

附表 6

各因素间的综合影响矩阵 T

	B_1	B_2	B_3	B_4	B_5	B_6	B_7	B_8	B_9	B_{10}	B_{11}	B_{12}	B_{13}	B_{14}	B_{15}	B_{16}	B_{17}	B_{18}	B_{19}	B_{20}	B_{21}	B_{22}	B_{23}	B_{24}
B_1	0.09	0.13	0.09	0.14	0.08	0.08	0.09	0.08	0.08	0.15	0.10	0.05	0.05	0.12	0.15	0.14	0.14	0.15	0.14	0.15	0.14	0.08	0.14	0.15
B_2	0.14	0.09	0.14	0.14	0.13	0.13	0.14	0.12	0.12	0.15	0.15	0.05	0.05	0.08	0.15	0.10	0.10	0.15	0.14	0.15	0.10	0.08	0.11	0.15
B_3	0.13	0.13	0.08	0.13	0.12	0.08	0.08	0.08	0.07	0.14	0.14	0.05	0.05	0.07	0.13	0.13	0.14	0.14	0.14	0.14	0.09	0.08	0.14	0.15
B_4	0.07	0.06	0.07	0.07	0.06	0.06	0.07	0.06	0.06	0.08	0.08	0.04	0.04	0.06	0.12	0.11	0.11	0.12	0.11	0.12	0.12	0.11	0.11	0.11
B_5	0.19	0.18	0.18	0.20	0.13	0.17	0.18	0.17	0.16	0.21	0.20	0.13	0.12	0.16	0.20	0.14	0.18	0.19	0.18	0.20	0.17	0.16	0.19	0.20
B_6	0.15	0.15	0.15	0.16	0.10	0.10	0.15	0.10	0.14	0.18	0.17	0.07	0.06	0.13	0.17	0.16	0.16	0.17	0.17	0.18	0.16	0.11	0.17	0.17
B_7	0.14	0.09	0.09	0.10	0.13	0.13	0.09	0.13	0.08	0.15	0.15	0.10	0.10	0.12	0.15	0.10	0.10	0.11	0.14	0.15	0.14	0.09	0.10	0.11
B_8	0.16	0.17	0.17	0.19	0.16	0.16	0.17	0.11	0.16	0.19	0.19	0.08	0.07	0.11	0.20	0.18	0.18	0.19	0.18	0.19	0.17	0.16	0.19	0.19
B_9	0.18	0.16	0.18	0.19	0.17	0.17	0.18	0.16	0.12	0.20	0.20	0.08	0.08	0.16	0.20	0.18	0.19	0.20	0.19	0.20	0.19	0.17	0.19	0.19
B_{10}	0.12	0.12	0.13	0.14	0.08	0.08	0.08	0.07	0.07	0.10	0.13	0.05	0.05	0.07	0.14	0.12	0.12	0.13	0.13	0.14	0.13	0.12	0.14	0.14
B_{11}	0.20	0.18	0.18	0.21	0.18	0.18	0.19	0.18	0.17	0.22	0.17	0.14	0.13	0.17	0.22	0.19	0.20	0.21	0.20	0.21	0.20	0.18	0.21	0.22
B_{12}	0.19	0.18	0.18	0.20	0.17	0.17	0.18	0.16	0.16	0.21	0.20	0.08	0.10	0.13	0.21	0.19	0.18	0.20	0.19	0.20	0.18	0.17	0.20	0.20
B_{13}	0.18	0.18	0.18	0.20	0.17	0.16	0.18	0.16	0.16	0.21	0.21	0.13	0.08	0.16	0.21	0.19	0.19	0.21	0.20	0.21	0.19	0.17	0.19	0.21
B_{14}	0.19	0.18	0.19	0.19	0.18	0.18	0.19	0.17	0.17	0.21	0.21	0.13	0.13	0.12	0.22	0.20	0.20	0.21	0.19	0.22	0.19	0.18	0.20	0.21
B_{15}	0.10	0.09	0.13	0.15	0.09	0.09	0.13	0.09	0.08	0.15	0.15	0.06	0.06	0.12	0.11	0.14	0.15	0.15	0.15	0.15	0.14	0.13	0.14	0.15
B_{16}	0.17	0.17	0.16	0.16	0.16	0.16	0.16	0.15	0.15	0.17	0.18	0.12	0.07	0.10	0.19	0.13	0.15	0.17	0.17	0.19	0.17	0.15	0.18	0.19
B_{17}	0.19	0.17	0.17	0.19	0.16	0.16	0.18	0.17	0.16	0.18	0.20	0.12	0.12	0.16	0.19	0.19	0.15	0.20	0.19	0.20	0.18	0.17	0.20	0.20
B_{18}	0.18	0.15	0.16	0.18	0.16	0.16	0.17	0.15	0.15	0.19	0.18	0.11	0.11	0.15	0.20	0.17	0.19	0.15	0.17	0.17	0.18	0.16	0.19	0.20
B_{19}	0.19	0.18	0.18	0.20	0.17	0.17	0.19	0.17	0.17	0.21	0.21	0.13	0.13	0.16	0.20	0.18	0.20	0.21	0.16	0.21	0.19	0.18	0.19	0.20
B_{20}	0.16	0.16	0.16	0.17	0.15	0.15	0.16	0.15	0.14	0.18	0.17	0.07	0.07	0.10	0.19	0.16	0.17	0.18	0.18	0.14	0.16	0.14	0.18	0.18
B_{21}	0.19	0.18	0.18	0.20	0.17	0.18	0.19	0.18	0.17	0.21	0.21	0.14	0.13	0.17	0.22	0.19	0.20	0.20	0.21	0.22	0.16	0.18	0.20	0.21
B_{22}	0.18	0.16	0.16	0.19	0.17	0.16	0.18	0.16	0.15	0.19	0.20	0.13	0.12	0.15	0.20	0.17	0.19	0.20	0.17	0.20	0.19	0.13	0.19	0.20
B_{23}	0.17	0.17	0.17	0.19	0.17	0.17	0.17	0.15	0.15	0.19	0.20	0.08	0.07	0.14	0.19	0.18	0.19	0.20	0.19	0.20	0.19	0.17	0.15	0.20
B_{24}	0.03	0.03	0.03	0.03	0.02	0.02	0.03	0.02	0.02	0.07	0.08	0.02	0.01	0.02	0.07	0.03	0.03	0.03	0.03	0.03	0.03	0.03	0.08	0.03

参 考 文 献

［1］ Courtney R., Winch G.. Re-engineering construction: the role of research and implementation［J］. Building Research and Information, 2003, 31(2):172-178.

［2］ Xiaolin Zhai, Richard Reed, Anthony Mills Zhai. Factors impeding the offsite production of housing construction in China: an investigation of current practice［J］. Construction Management and Economics, 2014, 32(1-2):40-52.

［3］ Pan W., Gibb A. G. F., Dainty, A. R. J.. Perspectives of U.K. house builders on the use of offsite modern methods of construction［J］. Construction Management and Economics, 2007, 25(2): 183-194.

［4］ Jaillon L., Poon C. S.. The evolution of prefabricated residential building systems in Hong Kong: A review of the public and the private sector［J］. Automation in Construction, 2009, 18(3): 239-248.

［5］ Isabelina Nahmens, Vishal Bindroo. Is Customization Fruitful in Industrialized Homebuilding Industry? ［J］. Journal of Construction Engineering and Management, 2011, 137 (11):1027-1035.

［6］ Johan Larsson, Per Eriksson. Industrialized construction in the Swedish infrastructure sector: core elements and barriers ［J］. Construction Management and Economics, 2014, 32(1-2):83-96.

［7］ Xiaoling Zhang, Martin Kitmore. Industrialized housing in China: a Coin with two sides［J］. International Journal of Strategic Property Management, 2012, 16(2):143-157.

［8］ Gibb A.G.F., Isack F.. Re-engineering through pre-assembly: client expectations and drivers［J］. Building Research and Information, 2003, 31(2):146-160.

［9］ Blismas N.G., Wakefield R.. Drivers. Constraints and the future of offsite manufacture in Australia［J］. Construction Innovation: Information, Process, Management, 2009, 9(1):72-83.

［10］ Chiang Y. H., Chan E. H. W., Lok L. K. L.. Prefabrication and barriers to entry-A case study of public housing and institutional buildings in Hong Kong［J］. Habitat International, 2006, 30(3):482-499.

［11］ Tam, V.W.Y., Tam, C.M., el at. Towards adoption of Prefabrication in Construction［J］. Building and Environment, 2007(42): 3642-3654.

［12］ Motiar Rahman. Barriers of Implementing Modern Methods of Construction［J］. Journal of Management in Engineering, 2014, 30(1):69-77.

［13］ Thomas Linner, Thomas Bock. Evolution of large-scale industrialisation and service innovation in Japanese prefabrication industry［J］. Construction Innovation, 2012, 12(2):156 - 178.

［14］ http://www.xinhuanet.com/local/2015-03/19/c_127595409.htm.

[15] Jaillon L., Poon C. S.. Design issues of using prefabrication in Hong Kong building construction [J].Construction Management and Economics, 2010, 28(10):1025-1042.

[16] 王蕴. 坚守质量底线提高建造效率——万科的建筑工业化 [J]. 城市住宅，2014（7）：15-20.

[17] Nasibeh Sadafi, M. F. M. Zain, M. Jamil. Adaptable Industrial Building System: Construction Industry Perspective [J]. Journal of Architectural Engineering, 2012, 18(6): 140-147.

[18] 张浩、李桂林，等. 大型住宅项目建筑工业化技术 [J]. 建筑，2014，（18）：67-69.

[19] Chris Goodier, Alistair Gibb. Future opportunities for offsite in the UK [J]. Construction Management and Economics, 2007, 25(6):585-595.

[20] Blismas N.G., Pendlebury M., et al. Constraints to the use of off-site production on construction projects [J]. Architectural Engineering and Design Management, 2005, 1(3): 153-62.

[21] Jensen P., Olofsson, T., Johnsson, H.. Configuration through the parameterization of building components [J]. Automation in Construction, 2012(23):1-8.

[22] Nick Blismas, Christine Pasquire. Benefit evaluation for off-site production in construction [J]. Construction Management and Economics, 2006, 24(2):121-130.

[23] Yuosre F., Badir, M. R. Abdul Kadir et al.Industrialized Building Systems Construction in Malaysia [J]. Journal of Architectural Engineering, 2002, 8(1):19-23.

[24] 王晓锋. 装配式混凝土结构与建筑工业化、住宅产业化 [C]. 2015 国际工业化住宅设计与建造峰会会议资料，2015：233-240.

[25] 朱文祥，吴志敏. 预制夹芯保温墙体连接件的研究现状 [J]. 建筑节能，2017，45（4）：48-51.

[26] 王红春，刘帅. 大数据环境下建筑供应链采购模型及仿真研究 [J]. 工程管理学报，2017，31（6）：11-16.

[27] 李毅鹏，马士华. 建筑供应链中基于空间约束的多供应商横向协同研究 [J]. 中国管理科学，2013，23（1）：111-117.

[28] 刘跃武，席洪林. 基于交易成本的建筑供应链构建及运作研究 [J]. 武汉理工大学学报，2011，33（5）：842-846.

[29] 王挺，谢京辰. 建筑供应链管理模式（CSCM）应用研究 [J]. 建筑管理现代化，2005，81（2）：5-8.

[30] 孔海花，孙家坤. EPC 模式下建筑供应链模型研究 [J]. 建筑经济，2018，45（18）：33-38.

[31] 许杰峰，雷星晖. 基于施工总包模式的敏捷建筑供应链研究 [J]. 建筑科学，2015，31（1）：94-98.

[32] 陈艳，安海宁，徐占功. 基于标杆法的精益建筑供应链绩效评价 [J]. 企业经济,2013（1）：59- 62.

[33] 王海强，王要武. 基于成熟度模型的建筑供应链绩效评价 [J]. 沈阳建筑大学学报，2009，25（2）：404-408.

[34] 马雪. 基于 SCOR 模型的建筑供应链绩效评价研究 [D]. 天津大学，2013.

[35] M. Agung Wibowo, Moh Nur Sholeh. The analysis of supply chain performance measurement at construction project [J]. Procedia Engineering, 2015, (125): 25 - 31.

[36] Hasan Balfaqiha, Zulkifli Mohd. Nopiaha, Nizaroyani Saibania, Malak T. Al-Noryb.Review of supply chain performance measurement systems: 1998—2015[J]. Computers in Industry, 2016(82) :135-150.

[37] 陈伟伟，张云宁. 基于改进型 BSC 法的绿色建筑供应链绩效评价研究［J］. 工程管理学报，2014（28）：37- 41.

[38] 陈欣. 基于网络能力的建筑施工企业供应链运营绩效评价研究［D］. 山东大学，2012.

[39] 彭小锋，曾凝霜，毛超. 基于 CODP 理论和 BIM 技术的建筑供应链模拟研究［J］. 施工技术，2016，45（18）：33-38.

[40] 毕立南，薛晓芳. 建筑供应链信息协同机制构建—基于供应链脆弱性的分析［J］. 财会月刊，2018，（3）：172-176.

[41] 郑云，苏振民，金少军. BIM-GIS 技术在建筑供应链可视化中的应用研究［J］. 施工技术，2015，44（6）：59-64.

[42] 俞启元，吕玉惠，张尚. 建筑施工企业供应链协同信息管理系统研究［J］. 建筑经济，2012，（9）：84-87.

[43] Javier Irizarry, Ebrahim P. Karan, Farzad Jalaei. Integrating BIM and GIS to improve the visual monitoring of construction supply chain management［J］. Automation in Construction, 2013(31):241-254.

[44] Ani Saifuza Abd Shukor.Towards Improving Integration of Supply Chain in IBS Construction Project Environment［J］. Procedia - Social and Behavioral Sciences. 2016 (222): 36-45.

[45] Usha Ramanathan. Performance of supply chain collaboration-A simulation study［J］. Expert Systems with Applications, 2014(41): 210-220.

[46] Ramanathan, U., & Muyldermans, L. . Identifying the underlying structure of demand during promotions: A structural equation modelling approach［J］. Expert Systems with Applications, 2011, 38(5): 5544-5552.

[47] Stuart Tennant, Scott Fernie. Theory to practice: A typology of supply chain management in construction［J］. International Journal of Construction Management, 2014 14(1): 56-66.

[48] Fliedner, G.. CPFR: An emerging supply chain tool［J］. Industrial Management and Data Systems, 2003, 103(1/2): 14-21.

[49] Green, K., & Inman, R.. Using a just-in-time selling strategy to strengthen supply chain linkages［J］. International Journal of Production Research, 2005, 43(16): 3437-3453.

[50] Mohammad Fadhil , Ani Saifuza Abd Shukor, Rohana Mahbub, Faridah Muhammad Halil. Challenges in the Integration of Supply Chains in IBS Project Environment in Malaysia［J］. Procedia - Social and Behavioral Sciences. 2014(153):44-54.

[51] Manoj Hudnurkar , Suresh Jakhar, Urvashi Rathod .Factors affecting collaboration in supply chain: A literature Review［J］. Procedia - Social and Behavioral Sciences, 2014(133): 189-202.

[52] Per Eriksson, Stefan Olander. Managing short-term efficiency and long-term development through industrialized construction［J］. Construction Management and Economics, 2014, 32(1-2): 97-108.

［53］ Richard Fulford, Craig Standing.Construction industry productivity and the potential for collaborative practice［J］. International Journal of Project Management. 2014, (32) :315-326.

［54］ Kim, D., Kumar, V., Kumar, U., 2010. Performance assessment framework for supply chain partnership［J］. Supply Chain Managerment. 2010(15): 183-195.

［55］ L.E. Bygballe, A.R. Swärd, A.L. Vaagaasar.Coordinating in construction projects and the emergence of synchronized readiness［J］. International Journal of Project Management. 2016(34): 1479-1492.

［56］ http://he.people.com.cn/BIG5/n/2014/0523/c200202-21268236.html，河北推进住宅产业现代化 3 家企业已是国家级基地. 2014-5-23.

［57］ 姜阵剑. 基于价值网的建筑施工企业供应链协同研究［D］. 同济大学，2007.

［58］ 王要武，郑宝才. 建筑供应链合作伙伴选择标准的研究［J］. 低温建筑技术. 2004，100（4）：91-93.

［59］ Simatupang T. M., Sridharan R.. Design for supply chain Collaboration［J］. Business Process Management Journal, 2008, 14 (3): 401-418.

［60］ E. C. W. Lou, K. A. M. Kamar.. Industrialized Building Systems: Strategic Outlook for Manufactured Construction in Malaysia［J］. Journal of Architectural Engineering, 2012(18):69-74.

［61］ Williamson, O.E..The Mechanisms of Governance［M］. Oxford University Press, New York.1996.

［62］ Heide, J. . Interorganizational governance in marketing channels［J］. Journal of Marketing, 1994, 58(1): 71-85.

［63］ Faridah Muhamad Halil, Mohammed Fadhil Mohammed, Rohana Mahbub, Ani Saifuza Shukur. Trust Attributes to Supply Chain Partnering in Industrialised. Building System［J］. Procedia - Social and Behavioral Sciences. 2016(222): 46-55.

［64］ Larson, E.. Project partnering : results of study of 280 construction projects［J］. Journal of Management in Engineering, 1995, 10(2): 30-35.

［65］ Nenad Cusbabic, Danijel Rebolj. Supply-chain transparency within industrialized construction projects［J］. Computers in Industry, 2014(65): 345-353.

［66］ Wenzhe Tang, Colin F. Duffield, David M. Young. Partnering Mechanism in Construction: An Empirical Study on the Chinese Construction Industry［J］. Journal of Construction Engineering and Management, 2006, 132(3):217-229.

［67］ 刘禹. 我国建筑工业化发展的障碍与路径问题研究［J］. 建筑经济. 2012（354）：20-24.

［68］ 吴江虹. 建筑工业化建造体系的新实践——以方山当代艺术会馆为例［J］. 江苏建筑. 2013，（156）：10-13.

［69］ 岳意定，阎军. 新型建筑工业化中供应链战略联盟的经济动因分析［J］. 湖南大学学报. 2014，28（5）：45-49.

［70］ 叶明. 新型建筑工业化的两大核心问题［J］. 建筑，2014（5）：28.

［71］ Latham, M.. Constructing the Team. Joint Review of Procurement and Arrangements in the United Kingdom Construction Industry: Final Report［M］. HMSO, London.1994.

［72］ Williamson, O. E..The economic institutions of capitalism［M］. New York: The Free Press. 1985.

［73］ Richard R. B. Industrialized building systems: Reproduction before automation and robotics［J］. Automation in Construction, 2005, 14(4): 442-451.

［74］ Mirsaeedie L. Industrialization idea in housing to reach sustainable development［C］. International Conference on Built Environment in Developing Countries, 2009: 1422-1433.

［75］ Leiringer R. Technological innovation in PPPs: incentives, opportunities and actions［J］. Construction Management and Economics, 2006, 24(3): 301-308.

［76］ Warszawski, Yashiro T. Conceptual framework of the evolution and transformation of the idea of the industrialization of building in Japan［J］. Construction Management and Economics, 2014, 32(1-2): 16-39.

［77］ Nadim W, Jack S. Goulding. Offsite production in the UK: the way forward? A UK construction industry perspective［J］. Construction Innovation, 2010, 10(2): 181-202.

［78］ Gibb A G F. Off-site Fabrication-Prefabrication, Preassembly and Modularisation［M］. Whittles Publishing, Caithness, 1999.

［79］ Gibb A G F, Isack F. Client drivers for construction projects: implications for standardisation［J］. Engineering Construction and Architectural Management, 2001, 8(1):46-58.

［80］ Zhang X L, Kitmore M. Industrialized housing in China: a Coin with two sides［J］. International Journal of Strategic Property Management, 2012, 16(2):143-157.

［81］ Shaari S N, Ismail E. Promoting the use of the industrialised building systems (IBS) and modular coordination (MC) in the Malaysia construction industry. Buletin Bulanan IJM Jurutera, Institute of Engineers, Malaysia［R］, 2003:14-16.

［82］ Blismas N G , Pendlebury M. Constraints to the use of off-site production on construction projects［J］. Architectural Engineering and Design Management, 2005, 1(3):153-62.

［83］ Wandahl S, Ussing F L. Sustainable Industrialization in the Building Industry: On the Road to Energy Efficient Construction Management ［C］, ICCREM 2013:177-187.

［84］ Nadim W, Jack S. Goulding. Offsite production: a model for building down barriers［J］. EngineeringConstruction and Architectural Management, 2011, 18(1): 82-101.

［85］ 杨嗣信. 关于建筑工业化问题的探讨 ［J］. 施工技术，2011，367（40）: 1-3.

［86］ 陈振基. 对建筑工业化认识的思辨 ［J］. 混凝土世界，2013，52（10）: 96-98.

［87］ A. Gunasekaran, B. Kobu, Performance measures and metrics in logistics and supply chain management: a review of recent literature (1995—2004) for research and applications［J］. Int. J. Prod. Res. 2007, 45 (12) : 2819-2840.

［88］ Christopher, M.. Logistics and Supply Chain Management［M］. Englewood Cliffs, NJ: Financial Times Press, Prentice Hall.1998.

［89］ Foster, J.S. and R. Greeno. Structure and Fabric［M］, Prentice Hall, New Jersey.2007.

［90］ Vrijhoef, R.. Supply chain integration in the building industry: the emergence of integrated and repetitive strategies in a fragmented and project-driven industry［D］. Delft University of

Technology.2011.

[91] 薛小龙，王要武，沈岐平. 信息共享在建筑供应链决策中的价值测度［J］. 土木工程学报，2011，44（8）：132-138.

[92] Xiaolong Xue, Yaowu Wang, Qiping Shen, Xiaoguo Yu. Coordination mechanisms for construction supply chain management in the Internet environment［J］.International Journal of Project Management. 2007(25): 150-157.

[93] Lu, S., Yan, H., 2007. A model for evaluating the applicability of partnering in construction［J］. Int. J. Proj. Manag. 2007, 25 (2): 164-170.

[94] Simatupang, T. M., Wright, A. C., and Sridharan, R.. Applying theory of constraints to supply chain collaboration［J］. Supply chain Management: an international journal, 2004, 9(1): 57-70.

[95] Samaddar S. and Kadiyala S.S. An analysis of interaorganisational resource sharing decisions in collaborative knowledge creation［J］. European Journal of Operational Research, 2006(170): 192-210.

[96] Kampstra, R. P., Ashayeri, J., and Gattorna, J. L. . Realities of supply chain collaboration［J］. International Journal of Logistics Management, 2006, 17(3): 312-330.

[97] Fawcett, Stanley E., Gregory M. Magnan, and Matthew W. McCarter. a three Ğstage implementation model for supply chain collaboration［J］. Journal of Business Logistics, 2008, 29(1): 93-112.

[98] Bygballe, L., Jahre, M., Swärd, A.. Partnering relationships in construction: a literature review［J］. J. Purch. Supply Manag. 2010, 16 (4): 239-253.

[99] Miia Martinsuoa, Tuomas Ahola. Supplier integration in complex delivery projects: Comparison between different buyer–supplier relationships［J］. International Journal of Project Management. 2010(28): 107-116.

[100] Cao, M., Zhang, Q.. Supply chain collaboration: impact on collaborative advantage and firm performance［J］. Journal of Operations Management .2011(29):163-180.

[101] Huo, B..The impact of supply chain integration on compny performance: an organizational capability perspective［J］. Supply Chain Manag.: Int. J. 2012, 17 (6):596-610.

[102] Shu-Hsien Liao, Fang-I Kuo. supply chain, supply chain capabilities and firm performance: A case of the Taiwan's TFT-LCD industry［J］. Int. J. Production Economics. 2014(156): 295-304.

[103] 单英华，李忠富. 基于演化博弈的住宅建筑企业技术合作创新机理［J］. 系统管理学报，2015，24（5）：673-681.

[104] Winch, G.. The construction firm and the construction project: A transaction cost approach［J］. Construction Managerment Economics, 1989, 7(4): 331-345.

[105] Williamson, O. E.. Transaction cost economics［M］. In R. Schmalemsee, & R. Willig Handbook of industrial organization. 1989 .

[106] Joskow, P. L.. Contract duration and relationship—Specific investments: Empirical evidence from coal markets［J］. American Economic Review, 1987, 77(1): 168-185.

[107] Hughes, W., Hillebrandt, P., Greenwood, D., and Kwawu, W.. Procurement in the construction

industry: The impact and cost of alternative market and supply processes[M]，Taylor and Francis, New York., 2006.

[108] Li, H.M., Arditi, D. and Wang, Z.F. Factors that affect transaction costs in construction projects[J]. Journal of Construction Engineering and Management, 2013, 139(1):60-68.

[109] Yates, D. J.. Conflict and dispute in the development process: A transaction cost economic perspective[D]. Working Paper, Dept. Of Real Estate and Construction, Univ. of Hong Kong, Hong Kong, China.1999.

[110] Whittington, J. M.. The transaction cost economics of highway project delivery: Sesign-build contracting in three states[D]. Doctoral dissertation, Univ. of California, Berkeley, CA.2008.

[111] Huimin Li, David Arditi, M.ASCE, Zhuofu Wang. Factors That Affect Transaction Costs in Construction Projects[J]. Journal of Construction Engineering and Management, 2013, 139(1): 60-68.

[112] Nash J.. Non- Cooperative Games[D]. Ph. D. thesis, New Jersey: Princeton University, 1950.

[113] Maynard Smith J.. The Theory of Games and the Evolution of Animal Conflict[J]. Journal of Theory Biology, 1973, (47): 209-212.

[114] Taylor P D., Jonker L B. Evolutionarily Stable Strategy and Game Dynamics[J]. Math Bioscience, 1978, (40): 145-156.

[115] 吴洁，吴小桔，李鹏. 基于累积前景理论的联盟企业知识转移演化博弈分析 [J]. 运筹与管理，2017，26（3）：92-99.

[116] 罗剑锋. 基于演化博弈理论的企业间合作违约惩罚机制 [J]. 系统工程，2012，30（1）：27-31.

[117] 解东川. 基于演化博弈的"农超对接"供应链稳定性与协调研究 [D]. 电子科技大学，2015.

[118] 钟映竑，谌小平. 基于协同知识管理视角的低碳供应链演化博弈分析 [J]. 科技管理研究，2014（3）：214-217.

[119] 彭佑元，程燕萍. 资源型产业与非资源型 产业均衡发展机理——基于合作创新的演化博弈模型分析 [J]. 经济问题，2016（2）：80-85.

[120] 刘徐方. 企业技术创新行为的演化博弈分析 [J]. 技术经济与管理研究，2016（9）：34-38.

[121] 宋海滨，郝生跃，任旭. 基于演化博弈论的 EPC 总承包项目内知识转移主体研究 [J]. 科技管理研究，2016（11）：177-185.

[122] 张业圳，林翊. 产业技术创新战略联盟协同创新的演化博弈分析 [J]. 福建师范大学学报，2015（2）：22-31.

[123] 韩超群. 基于演化博弈的 VMI & TPL 供应链合作机制研究 [J]. 工业工程与管理，2011，16（6）：21-29.

[124] 尹贻林，王垚. 工程项目业主与承包商信任问题研究综述 [J]. 软科学，2013，27（5）：120-124.

[125] 时恩早，张先哲. 基于直觉模糊偏好关系的多属性决策方法 [J]. 控制工程，2017，24

（7）：1352-1358.

[126] 胡鑫，常文军，孙超平. 基于比较可能度的多属性决策方法［J］. 计算机应用，2017，37
（8）：2223 -2228.

[127] 李少年，吴良刚. 基于模糊证据推理及改进 TOPSIS 的多属性群决策方法［J］. 运筹与管
理. 2017，26（6）：16-23.

[128] 杜涛，冉伦. 基于效率的组织多属性决策及实证研究: DEA-TOPSIS 组合方法［J］. 中国
管理科学，2017，25（7）：153-162.

[129] 王艳艳，任宏，王洪波. 基于熵权与 TOPSIS 法的节能建筑方案评价研究［J］. 山东建筑
大学学报，2013，28（4）：313-317.

[130] 张园园，陈新，郑州，等. 基于多属性决策方法的胶凝砂砾石坝坝型比选节能建筑方案评
价研究［J］. 水电能源科学，2017，35（7）：97-100.

[131] Lambe, C. J., & Spekman, R. E.. Alliances, external technology acquisition, and discontinuous
technological change［J］. Journal of Product and Innovation Management, 1997(14): 102-116.

[132] Simatupang, T. M., & Sridharan, R.. The collaboration index: a measure for supply chain
collaboration［J］. International Journal of Physical Distribution & Logistics Management, 2005,
35(1): 44-62.

[133] James Barlow, Paul Childerhouse, Choice and delivery in housebuilding: lessons from Japan for
UK housebuilders［J］. Buliding research & information. 2003, 31(2):134-145.

[134] Egan, Sir J..Rethinking Construction: The Report of the Construction Task Force, Department for
the Environment［M］. Transport and the Regions, London.1998.

[135] 肖建华，任顺霞，秦凡. 供应链条件下制造业寄售库存合作伙伴选择研究［J］. 统计与决
策，2012（372）：47-50.

[136] 易欣. 知识转移视角的城市轨道交通公私合作项目合作绩效评价. 城市轨道交通研究［J］.
2015（2）：27-33.

[137] 沙凯逊. 建设项目治理十讲［M］. 北京: 中国建筑工业出版社，2017.

[138] Turner. Toward a theory of project management: The nature of the project governance and project
management［J］. International Journal of Project Management. 2006(24):93-95.

[139] Jensen MC. A Theory of the Firm: Governance, Residual Claims and Organizational Forms［M］.
Cambridge, MA: Harvard University Press；2000.

[140] Winch, G.M.. Models of manufacturing and the construction process: the genesis of re-
engineering construction［J］. Building Research & Information, 2003, 31(2):107-118.

[141] 丁荣贵，高航，张宁. 项目治理相关概念辨析［J］. 山东大学学报，2013（2）：132-142.

[142] 严玲，尹贻林，公共项目治理理论概念模型的建立［J］. 中国软科学，2004（6）：130-135.

[143] Macneil, I. R.. The new social contract［M］. New Haven, CT7 Yale University Press.1980.

[144] Claro, D. P., Hagelaar, G., & Omta, O.. The determinants of relational governance and
performance: How to management business relationships?［J］. Industrial Marketing Management,
2003, 32(8): 703-716.

［145］ Tuomela, R., & Bonnevier-Tuomela, M.. Norms and agreement. European Journal of Law［J］. Philosophy and Computer Science, 1995(5):41-46.

［146］ Albertus Laan, Niels Noorderhaven, Hans Voordijk, Geert Dewulf. Building trust in construction partnering projects: An exploratory case-study Journal of Purchasing & Supply Management 17 (2011) 98-108.

［147］ Pui Ting Chow, Sai On Cheung, Ka Ying Chan. Trust-building in construction contracting: Mechanism and expectation［J］. International Journal of Project Management. 2012(30): 927-937.

［148］ Stanley E. Fawcett a, Stephen L. Jones, Amydee M. Fawcett. Supply chain trust: The catalyst for collaborative innovation［J］. Business Horizons, 2012(55): 163-178.

［149］ Cartlidge, D.. New aspects of quantity surveying practice［M］.United Kingdom: Butterworth-Heinemann. 2009.

［150］ Zaheer, S.. Overcoming the liability of foreignness［J］. Academy of Management Journal, 1995, 38(2): 341-363.

［151］ Morgan RM, Hunt SD. The commitment–trust theory of relationship marketing［J］. Journal Market, 1994(58):20-23 .

［152］ Miller, R., Hobday, M., Leroux-Demers, T., Olleros, X.. Innovation in complex system industries: the case of flight simulators［J］. Industrial and Corporate Change 1995, 4 (2): 363-400.

［153］ Alinaitwe, H.M., Mwakali, J. Assessing the degree of industrialisation in construction: a case of Uganda［J］. Journal of Civil Engineering and Management, 2006, 12(3): 221-229.

［154］ 李星北，齐二石. 考虑溢出效应的供应链合作创新演化博弈分析［J］. 北京交通大学学报，2014，13（2）：8-14.

［155］ 朱建波，盛昭瀚，时茜茜. 具溢出效应的重大工程承包商合作创新机制的演化博弈［J］. 系统工程，2016，34（7）：53-59.

［156］ 洪巍，周晶. 基于演化博弈的大型工程技术创新过程中业主与供应商的合作机制研究［J］. 工业技术经济，2013，235（5）：106-112.

［157］ 黄敏镁. 基于演化博弈的供应链协同产品开发合作机制研究［J］. 中国管理科学，2010，18（6）：155-162.

［158］ 黄波，孟卫东，李宇雨. 基于双向溢出效应的供应链合作研发博弈模型［J］. 科技管理研究，2009（3）：177-179.

［159］ 谢识予. 经济博弈论（第三版）［M］. 上海：复旦大学出版社，2007.

［160］ 克里斯汀. 蒙特. 博弈论与经济学［M］. 北京：经济管理出版社，2004.

［161］ 孟琦，韩斌. 企业战略联盟自组织演化的协同动力模型构建［J］. 科技进步与对策，2010，27（8）：111-113.

［162］ 苗成林，冯俊文. 基于协同理论和自组织理论的企业能力系统演化模型［J］. 南京理工大学学报，2013，37（1）：192-198.

［163］ 袁磊. 战略联盟合作伙伴的选择分析［J］. 中国软科学，2001（9）：53-57.

［164］ Lee, A.H.I., Kang, H.Y., Hsu, C.F., Hung, H.C.. A green supplier selection model for high-tech industry［J］. Expert System. 2009, (36):7917-7927.

［165］ Kannan, D., Khodaverdi, R., Olfat, L., Jafarian, A., Diabat, A.. Integrated fuzzy multi criteria decision making method and multi-objective programming approach for supplier selection and order allocation in a green supply chain［J］. Journal Clean Production, 2013(47):355-367.

［166］ Chong Wu, David Barnes. An integrated model for green partner selection and supply chain construction［J］. Journal of Cleaner Production.2016(112): 2114-2132.

［167］ 梁家强，韩学功. 基于证据理论的战略联盟合作伙伴选择研究［J］. 华东经济管理. 2010, 24（12）: 97-100.

［168］ 刘林舟，武博. 产业技术创新战略联盟合作伙伴多目标选择研究［J］. 科技进步与对策. 2012，29（21）: 55-58.

［169］ 宋波、徐飞. 基于多目标群决策迭代算法的 PPP 项目合作伙伴选择［J］. 系统管理学报. 2011，20（6）: 690-695.

［170］ 晏永刚. 巨项目组织联盟合作协调机制研究［D］. 重庆大学，2011.

［171］ 卢志刚，林卡. 基于声誉的供应链合作伙伴选择模型［J］. 计算机工程，2015，41（6）: 152-157.

［172］ Saaty, T. L.. Negative priorities in the analytic hierarchy process［J］. Mathematical and Computer Modelling. 2003 (37):1063-1075.

［173］ Saaty, T. L.. Fundamentals of the analytic network processmultiple networks with benefits, opportunities, costs and risks［J］. Journal of Systems Science and Systems Engineering. 2004, 13(3): 348-379.

［174］ Chang D-Y.Applications of the extent analysis method on fuzzy AHP［J］. European Journal of Operational Research 1996(95): 649-655.

［175］ Amy H.I. Lee.A fuzzy supplier selection model with the consideration of benefits, opportunities, costs and risks［J］.Expert Systems with Applications. 2009(36):2879-2893.

［176］ Eunnyeong Heo, Jinsoo Kim, Sangmin Cho.Selecting hydrogen production methods using fuzzy analytic hierarchy process with opportunities, costs, and risks［J］.International Journal of Hydrogenenergy. 2012(37):17655 -17662.

［177］ Majid Azizi and Mansooreh Azizpour. A BOCR structure for privatisation effective criteria of Iran newsprint paper industry［J］. International Journal of Production Research.2012, 50(17): 4867-4876.

［178］ Daji Ergu·Yi Peng.A framework for SaaS software packages evaluation and selection with virtual team and BOCR of analytic network process［J］. Journal Supercomput, 2014(67): 219-238.

［179］ Lin M.C., Wang C.C., Chen M.S., Chang C.A.. Using AHP and TOPSIS approaches in customer-driven product design process［J］. Computer, 2008, (59):17-31.

［180］ 任力锋、王一任、张彦琼. TOPSIS 法的改进与比较研究［J］. 中国卫生统计，2008，25

（1）：64-66.

[181] 刘喜梅，傅渝洁. 基于BOCR综合评价方法的风电投资项目研究［J］. 华北电力大学学报，2012（5）：6-9.

[182] 李春好，孙永河，段万春. 基于DEA理论的ANP/BOCR方案评价值综合集成新方法［J］. 中国管理科学，2010，18（2）：55-61.

[183] 周晓光，吕波，朱蓉. 基于改进的BOCR和FANP模型的ERP系统选择方法［J］. 计算机应用研究，2012，29（1）：63-66.

[184] Ezgi Aktar Demirtas, Özden Üstün.An integrated multiobjective decision making process for supplier selection and order allocation［J］. Omega, 2008(36):76-90.

[185] Anjali A., Taiwo A., Teodor G.. Collaboration partner selection for city logistics planning under municipal freight regulations［J］. Applied Mathematical Modelling, 2016(40): 510-525.

[186] Harun Resit Yazgan & Semra Boran & Kerim Goztepe.Selection of dispatching rules in FMS: ANP model based on BOCR with choquet integral［J］.International Journal Advanture Manufacture Technologh, 2010(49):785-801.

[187] 尹良. 建筑供应链合作伙伴选择研究［D］. 大连理工大学，2011.

[188] 陈小波. 工业化住宅预制构件供应商选择方法研究-基于VIKOR模型［J］. 建筑经济. 2016，37（1）:105-108.

[189] 陈红梅. 基于粗糙集的TOPSIS供应链合作伙伴选择［J］. 统计与决策，2011，（346）：178-180.

[190] 杨耀红，梁栋. 基于熵权组合权重的工程供应链合作伙伴选择［J］. 物流科技，2017（8）：112-116.

[191] 吕昳苗，王红春. 基于AHP的供应链战略合作伙伴的选择［J］. 北京建筑工程学院学报，2012，28（3）：52-59.

[192] C. Shepherd, H. Gunter, Measuring supply chain performance: current research and future directions［M］. Behavioral Operations in Planning and Scheduling, Springer, Berlin Heidelberg, 2011.

[193] Chan, F. T. S., Kumar, N.. Global supplier development considering risk factors using fuzzy extended AHP-based approach［J］. Omega: The International Journal of Management Science, 2007(35): 417-431.

[194] Chen X.B..Based on VIKOR model for suppliers selection of prefabricated building industrialization［J］. Building economy, 2016(37):105-108.

[195] 喻金田，胡春华. 技术联盟协同创新的合作伙伴选择研究［J］. 科学管理研究，2015，33（1）：13-16.

[196] Kim, Y., Lee, K.. Technological collaboration in the Korean electronic parts industry: Patterns and key success factors［J］. R&D Management, 2003(33):59-77.

[197] Geng X.F., Zhang J.. Appraisal and Seletion of Strategic Alliance's Collaboration Partner［J］. Contemporary Economy & Management, 2008(30):31-33.

［198］ Chiang, Y.H., Chan, E.H.W. and Lok, L.K.L. Prefabrication and barriers to entry-a case study of public housing and institutional buildings in Hong Kong［J］. Habitat International. 2005, (28): 1-18.

［199］ Wang Y.W., Zheng B.C.. Research on selection criterion of cooperative partner for construction supply chain［J］. Low temperature construction technology, 2014(100):91-93.

［200］ Francisco R. L. J., Lauro O., Luiz C. R. C.. A comparison between Fuzzy AHP and Fuzzy TOPSIS methods to supplier selection［J］. Applied Soft Computing, 2014(21):194-209.

［201］ 易欣. PPP 轨道交通项目合作伙伴三阶段选择机制［J］. 土木工程与管理学报，2016，33（2）：43-51.

［202］ Das, T.K., Teng, B.S., 1998. Between trust and control: developing confidence in partner cooperation in alliances［J］. Academy of Management Review, 1998, 23 (3): 491-512.

［203］ Chen X.R.. Strategic alliance partner selection［J］.Economic management, 2003(21):43- 45.

［204］ Angerhofer, B. J., & Angelides, M. C.. A model and a performance measurement system for collaborative supply chains［J］. Decision Support Systems, 2006(42):283-301.

［205］ Barlow, J., Cohen, M., Jashapara, A. and Simpson, Y. Towards Positive Partnering［M］. Revealing the Realities in the Construction Industry, Policy Press, Bristol.1997.

［206］ C. Furneaux, R. Kivvits, BIM-Implications For Government, CRC for Construction［M］. Innovation, Brisbane, 2008.

［207］ Bahinipati, B. K., Kanda, A., & Deshmukh, S. G. Horizontal collaboration in semiconductor manufacturing industry supply chain: An evaluation of collaboration intensity index［J］. Computers & Industrial Engineering, 2009, 57(3):880-895.

［208］ 周水银，汤文珂. 供应链协同、技术创新与企业绩效关系研究［J］. 统计与决策，2015，436（16）：178-181.

［209］ David, R. J., & Han, S. K.. A systematic assessment of the empirical support for transaction cost economics［J］. Strategic Management Journal, 2004, 25(1): 39-58.

［210］ Nyaga, G. N., Whipple, J. M., & Lynch, D. F.. Examining supply chain relationships: Do buyer and supplier perspectives on collaborative relationships differ?［J］. Journal of Operations Management, 2010(28): 101-114.

［211］ 仇国芳，白智国. 国内建筑供应链绩效评价研究述评［J］.物流技术，2015，34（10）：169-172.

［212］ Marinagi, C., Trivellas, P., & Sakas, D.. The impact of Information Technology on the development of Supply Chain Competitive Advantage［J］. Procedia - Social and Behavioral Sciences, 2014(147):586-591.

［213］ 李永锋，司春林. 基于神经网络的制造业企业供应链合作绩效模糊综合评价［J］. 经济管理，2008，30（2）：17-21.

［214］ Mourtzis, D.. Internet based collaboration in the manufacturing supply chain［J］, CIRP Journal of Manufacturing Science and Technology, 2011, 4(3):296-304.

[215] Rai, A., Patnayakuni, R. & Patnayakuni, N.. Firm performance impacts of digitally enabled supply chain integration capabilities[J]. MIS Quart. 2006, 30(2):225-246.

[216] Xinhui Wang a, Hongmei Guo. Achieving optimal performance of supply chain under cost information asymmetry[J]. Applied Mathematical Modelling. 2018(53) :523-539.

[217] 武志伟, 陈莹. 关系公平性、企业间信任与合作绩效——基于中国企业的实证研究 [J]. 科学学与科学技术管理, 2010, 31（11）: 143-149.

[218] Angerhofer, B. J., and Angelides, M. C.. A model and a performance measurement system for collaborative supply chains[J]. Decision Support Systems, 2006, 42(1):283-301.

[219] 刘朝刚. 大规模定制供应链合作的绩效评价 [J]. 物流技术, 2010（216）: 107-111.

[220] Chen, J. V., Yen, D. C., Rajkumar, T. M., and Tomochko, N. A..The antecedent factors on trust and commitment in supply chain relationships[J].Computer Standards & Interface, 2011, 33(3):262-270.

[221] Lee, J., Palekar, U. S., & Qualls, W.. Supply chain efficiency and security: Coordination for collaborative investment in technology[J].European Journal of Operational Research, 2011, 210(3): 568-578.

[222] Michel, S., Brown, S.W., Gallan, A.S., . An expanded and strategic view of discontinuous innovations: deploying a service–dominant logic[J]. J. Acad. Mark. Sci.2008, 36 (1): 54-66.

[223] J. Cai, X. Liu, Z. Xiao, J.Liu, Improving supplychainperformance management: a systematic approach to analyzing iterative KPI accomplishment[J]. Decis. Support Syst. 2009, 46 (2) : 512-521.

[224] Rashed, C.A.A., Azeem, A., Halim, Z.. Effect of Information and Knowledge Sharing on Supply Chain Performance: A Survey Based Approach[J]. Journal of Operations and Supply Chain Management, 2010, 3 (2):61-77.

[225] 吴宁, 马志强, 顾国庆. 科技型小微企业合作研发绩效评价实证研究: 基于资源整合视角 [J]. 科技进步与对策, 2016, 33（24）: 109-115.

[226] Li S., Subba Rao, S., Ragu-Nathan, T.S., & Ragu-Nathan, B.. Development and validation of a measurement instrument for studying supply chain management practices[J]. Journal of Operations Management.2005, 23(6): 618-641.

[227] Dong S., Xu, S.X., and Zhu, K.X.. Information Technology in Supply Chains: The Value of IT-Enabled Resources Under Competition[J]. Information Technology in Supply Chains Information Systems Research.2009, 20(1):18-32.

[228] Forslund H., & Jonsson, P. . The impact of forecast information quality on supply chain performance[J]. International Journal of Operations & Production Management, 2007, 27(1): 90-107.

[229] Pagell M.. Understanding the factors that enable and inhibit the integration of operations, purchasing and logistics[J]. Journal of Operations Management. 2004, 22 (5):459-487.

[230] Kwon, I. W. G., & Suh, T. W.. Factors affecting the level of trust and commitment in supply chain

relationships[J]. Journal of Supply Chain Management, 2004, 40(2):4-14.

[231] Mentzer, J. T., Min, S., & Zacharia, Z. G.. The nature of interfirm partnering in supply chain management. Journal of Retailing, 2000, 76(4): 549-568.

[232] Nollet J., Calvi, R., Audet, E., Cote, M.. When excessive cost savings measurement drows the objectives[J]. Journal of Purchasing and Supply Management. 2008(14): 125-135.

[233] Jamshidi R., Fatemi Ghomi, S. M. T., & Karimi, B.. Multi-objective green supply chain optimization with a new hybrid memetic algorithm using the Taguchi method[J]. Scientia Iranica E, 2012, 19(6):1876-1886.

[234] 李德毅，杜鹢. 不确定性人工智能 [M]. 北京：国防工业出版社，2005.

[235] 叶琼，李绍稳，张友华. 云模型及应用综述 [J]. 计算机工程与设计，2011，32，（12）：4198-4201.

[236] 龚艳冰，张继国. 基于正态云模型和熵权的人口发展现代化程度综合评价 [J]. 中国人口·资源与环境，2012，22（1）：138-143.

[237] 孙鸿鹄，程先富，倪玲，等. 基于云模型和熵权法的巢湖流域防洪减灾能力评估 [J]. 灾害学，2015，30（1）：222-227.

[238] 徐岩，陈昕. 基于合作博弈和云模型的变压器状态评估方法 [J]. 电力自动化设备，2015，35（3）：88-93.

[239] 江新，朱沛文，沈力. 基于 ANP 和云模型的水电项目群资源冲突风险评估 [J]. 中国安全科学学报，2014，24（11）：152-158.

[240] 任宏，晏永刚，周韬，等. 基于云模型和灰关联度法的巨项目组织联盟合作伙伴评价研究 [J]. 土木工程学报，2011，44（8）：147-152.

[241] 李万庆，路燕娜，孟文清，等. 基于 AHP-云模型的施工企业项目经理绩效评价 [J]. 数学的实践与认识，2015，45（7）：86-91.

[242] 耿秀丽，董雪琦. 粗糙信息公理与云模型集成的方案评价方法 [J]. 计算机集成制造系统，2017，23（3）：661-669.

[243] 赵莎莎，吕智林，吴杰康，程鹏飞. 基于数据包络分析和云模型的火电厂效率评价方法 [J]. 电网技术，2012，36（4）：184-189.

[244] Yu-Cheng Lee, Mei-Lan Li, Tieh-Min Yen, Ting-Ho Huang.Analysis of fuzzy Decision Making Trial and Evaluation Laboratory on technology acceptance model[J]. Expert Systems with Applications, 2011(38):14407-14416.

[245] Hanwei Liang, Jingzheng Ren, Zhiqiu Gao.Identification of critical success factors for sustainable development of biofuel industry in China based on grey decision-making trial and evaluation laboratory (DEMATEL)[J]. Journal of Cleaner Production, 2016(131): 500-508.

[246] 朱庆华，王维琦，赵铁林. 基于 Gray-DEMATEL 方法的房地产企业社会责任动力因素研究 [J]. 大连理工大学学报，2011，32（4）：8-12.

[247] Kuei-Hu Chang, Yung-Chia Chang, I-Tien Tsai. Enhancing FMEA assessment by integrating grey relational analysis and the decision making trial and evaluation laboratory approach[J].

Engineering Failure Analysis, 2013(31): 211-224.

[248] Tuangyot Supeekit, Tuanjai Somboonwiwat, Duangpun Kritchanchai. DEMATEL-modified ANP to evaluate internal hospital supply chain Performance[J].Computers & Industrial Engineering, 2016(102) :318-330.

[249] 陈昊，李兵．基于逆向云和概念提升的定性评价方法［J］．武汉大学学报，2010，56（6）：683-688.

[250] 吕辉军，王晔，李德毅，等．逆向云在定性评价中的应用［J］．计算机学报，2003，26（8）：1009-1014.

[251] 刘常昱，冯芒，戴晓军．基于云信息的逆向云新算法［J］．系统仿真学报，2004，16（11）：2417- 2420.

[252] 罗自强，张光卫．一种新的逆向云算法［J］．计算机科学与探索，2007，1（2）：234-240.

[253] 王坚强，刘淘．基于综合云的不确定语言多准则群决策方法［J］．控制与决策，2012，27（8）：1185-1190.

[254] 郭红领，于言滔．BIM 和 RFID 在施工安全管理中的集成应用研究［J］．工程管理学报，2014，28（4）：87-93.

[255] 张建平，李丁．BIM 在工程施工中的应用［J］．施工技术．2012，41（8）：11-18.

[256] Srinath S. Kumar, Jack C.P. Cheng. A BIM-based automated site layout planning framework for congested construction sites[J]. Automation in Construction, 2015(59): 24-37.

[257] Eric M. Wetzel, Walid Y. Thabet.The use of a BIM-based framework to support safe facility management processes[J]. Automation in Construction, 2015(60):12-24.

[258] Linzi Zheng, Weisheng Lu, Ke Chen, Kwong Wing Chau, Yuhan Niu.Benefit sharing for BIM implementation: Tackling the moral hazard dilemma in inter-firm cooperation[J]. International Journal of Project Management, 2017(35):393-405.

[259] Javier Irizarry, Ebrahim P. Karan, Farzad Jalaei Integrating BIM and GIS to improve the visual monitoring of construction supplychain management[J].Automation in Construction, 2013(31): 241-254.

[260] Ebrahim P. Karan, Javier Irizarry. Extending BIM interoperability to preconstruction operations usinggeospatial analyses and semantic web services[J].Automation in Construction, 2015(53): 1-12.

[261] Lung-Chuang Wang. Enhancing construction quality inspection and management using RFID technology[J].Automation in Construction, 2008(17):467-479.

[262] Aaron Costin, Nipesh Pradhananga, Jochen Teizer.Leveraging passive RFID technology for construction resource field mobility and status monitoring in a high-rise renovation project[J]. Automation in Construction, 2012(24):1-15.

[263] Tarek Elghamrawy, Frank Boukamp. Managing construction information using RFID-based semantic contexts[J].Automation in Construction, 2010(19):1056-1066.

[264] J. Majrouhi Sardroud. Influence of RFID technology on automated management of construction

materials and components[J]. Transactions A: Civil Engineering, 2012(19): 381-392.

[265] Ke Chen, Weisheng Lu, Yi Peng, Steve Rowlinson, George Q. Huang. Bridging BIM and building: From a literature review to an integrated conceptual framework[J]. International Journal of Project Management, 2015, (33):1405-1416.

[266] Abdulsame Fazlia, Sajad Fathia, Mohammad Hadi Enferadi, Mayram Fazlib, Behrooz Fathic. Appraising effectiveness of Building Information Management (BIM) in project management[J]. Procedia Technology, 2014(16) :1116-1125.

[267] George Q. Huang, T. Qu, Michael J. Fang, Alan N. Bramley. RFID-enabled gateway product service system for collaborative manufacturing alliances[J]. CIRP Annals - Manufacturing Technology, 2011(60): 465-468.

[268] Macbeth, D.K. and Ferguson, N. Partnership Sourcing. An Integrated Supply Chain Approach[M]. Pitman Publishing, London.1994.

[269] Wang, X., & Yang, Z. Inter-firm opportunism: A meta-analytic review and assessment of its antecedents and effect on performance[J]. Journal of Business & Industrial Marketing, 2013, 28(2): 137-146.

[270] Zhi Cao, Fabrice Lumineau. Revisiting the interplay between contractual and relational governance: A qualitative and meta-analytic investigation[J]. Journal of Operations Management, 2015(33-34): 15-42.

[271] Wathne, K., Heide, J.B., 2004. Relationship governance in a supply chain network. J.Mark. 2004, 68 (1): 73-89.

[272] Audhesh K. Paswana, Tanawat Hirunyawipada, Pramod Iyer. Opportunism, governance structure and relational norms: An interactive perspective[J]. Journal of Business Research. 2017(77): 131-139.

[273] Cao, Z., & Lumineau, F.. Revisiting the interplay between contractual and relational governance: a qualitative and meta-analytic investigation[J]. Journal of Operations Management, 2015(33):15-42.

[274] Liu, Y., Luo, Y., Liu, T.. Governing buyer–supplier relationships through transactional and relational mechanisms: evidence from China[J]. Journal Operation Managerment, 2009(27): 294-309.

[275] Baofeng Huo, Cheng Zhang, Xiande Zhao.The effect of IT and relationship commitment on supply chain coordination: A contingency and configuration approach[J]. Information & Management, 2015(52):728-740.

[276] Zainah Abdullah, Rosidah Musa.The Effect of Trust and Information Sharing on Relationship Commitment in Supply Chain Management[J]. Procedia-Social and Behavioral Sciences .2014 (130):266-272.

[277] 符少玲. 信任、关系承诺对信息共享及联盟绩效实证分析——基于"公司＋农户"的农户视角 [J]. 华中农业大学学报，2013（5）：68-73.

［278］彭正龙，何培旭. 制造企业供需双方关系、承诺与合作绩效间路径模型研究［J］. 华东经
济管理，2014，28（2）：1-5.

［279］杨建华，高卉杰，郭龙. 横向物流联盟伙伴相似性、关系承诺与联盟绩效的关系研究［J］.
软科学，2016，30（2）：60-64.

［280］张旭梅，陈伟. 供应链企业间信任、关系承诺与合作绩效——基于知识交易视角的实证研
究［J］. 科学学研究，2011，29（12）：1865-1984.

［281］Olsen, B.E., Haugland, S.A., Karlsen, E., Husoy, G.J.. Governance of complex procurements in
the oil and gas industry［J］. Journal of Purchasing and Supply Management, 2005(11):1-13.

［282］Petersen K J, Handfield R B, Ragattz G L. A Model of Supplier Integration into New Product
Development［J］. Journal of Product Innovation Management, 2003, 20(4)：289-299.